BIOLOGICAL MYSTERY SERIES
生物ミステリー

ゼロから楽しむ古生物 姿かたちの移り変わり

土屋 健 著　土屋 香 イラスト　芝原暁彦 監修

技術評論社

はじめに

古生物たちの姿かたちの移り変わりの物語をお届けします。

たとえば、肉食恐竜の帝王として知られる、ティラノサウルス。この恐竜は、全長13メートルという、史上最大級の陸上肉食動物ですが、その祖先の大きさは全長2メートルにも満たない小さな種でした。進化を重ねて、ティラノサウルスの仲間たちは大型化し、そして、帝王のサイズになったのです。

たとえば、現在の地球で「最大の哺乳類」であるゾウ。その祖先の肩の高さは、60センチメートルほどしかありませんでした。こちらも進化を重ねた結果としての大型化です。

一方で、かつて日本列島に渡ってきたゾウの仲間は、進化を重ねることで小型化していったことがわかっています。進化をすれば、必ずしも大きくなるとは限りません。

サイズだけではありません。

鳥類の祖先は翼をもたず、地上を走りまわる存在でした。

ヘビ類には、かつてあしがありました。

カメ類には、甲羅が未発達だったり、甲羅をもっていても、手足や首、尾を収納することができないものがいました。

現生種だけではなく、古生物の中にも、そうした「移り変わり」を追うことができるグループはたくさんあります。

この本は、そうした「古生物たちの姿かたちの移り変わり」を合計58話にまとめたものです。

彼らの進化の歴史を、気軽な気持ちでお楽しみください。

本書は、地球科学可視化技術研究所の所長であり、福井県立大学恐竜学研究所の客員教授である芝原暁彦さんにご監修いただきました。学生時代から長期に渡っておつきあいいただいている芝原さんには、今回もお忙しい中、採用すべき種、グループ、学術論文などの諸々のご確認にはじまり、原稿やイラストなどへのご指導もいただきました。ありがとうございます。

イラストは、筆者の妻である土屋香の作品です。本書には、ときどきコミカルな作品が収録されています。本書に限らず、彼女自身は、大学院の古生物畑の出身であり、その後も古生物界隈で活動しています。筆者のほとんどの原稿をいの一番に読む〝最も厳しい読者〟でもあります。これまでにもいくつかの本で、そのイラストを発表してきましたて、今回は丸ごと1冊のイラスト担当となりました。

デザインは、KIYO　DESIGNの清原一隆さんによるもの。編集は、「古生物の黒い本」シリーズや、「リアルサイズ古生物図鑑シリーズ」など、私の著作の中で最も多くの本の担当である技術評論社の大倉誠二さんです。

本書も多くの人々の力があわさって、この上梓となりました。感謝いたします。

もちろん、今、このページを開いているあなたにも、大きな感謝を。

本書には、迫力のある古生物のイラストも、ダイナミックでアグレッシブな研究議論も登場しません。

しかし、だからこそ、シンプルに、古生物たちのもつ〝姿かたちの移り変わり〟を楽しんでいただければ、幸いです。

2021年3月　土屋　健

◆ Contents

1章 哺乳類とその仲間たちの移り変わり

2章

恐竜類、爬虫類、両生類、甲冑魚たちの移り変わり

3章 骨のない仲間たちの移り変わり

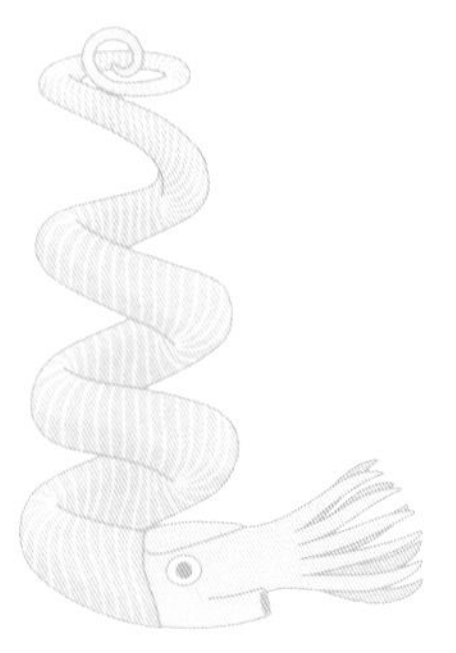

1章

哺乳類とその仲間たちの移り変わり

ステゴドン
Stegodon

アジアゾウ
Elephas maximus

よく似た姿の仲間たち

長い鼻をもつ哺乳類たちのグループ、「長鼻類」。このグループは、細かな分類群がいくつも集まってできている。

長鼻類の構成分類群としてよく知られるのは、「マムート類」「ゴンフォテリウム類」「ステゴドン類」「ゾウ類」だ。多くは、「科」という単位のグループにまとめられている。

さて、ここに挙げた4つの分類群の外見はよく似ている。肩高2メートルを超す大型種を擁し、胴体はでっぷりとしていて、四肢は柱のように太い。牙が長く、そして（ゾウ類を除いて）化石で確認されてはいないものの、いずれも長い鼻をもっていたと考えられている。

一つずつ、グループとその代表を見ていこう。

マムート類の代表は、「アメリカマストドン」だ。新生代新第三紀の鮮新世から更新世末まで北アメリカに暮らしていた。肩高は3メートル。森林を好んでいたとされる。草原を好む長鼻類の中では、珍しい生活圏といえる。

マムート類
ゴンフォテリウム類
ステゴドン類
ゾウ類

ゴンフォテリウム類の代表は、「ゴンフォテリウム」。アメリカマストドンより歴史が古く、新生代新第三紀中新世前期に登場し、新第三紀鮮新世前期に姿を消した。上顎だけではなく、下顎にも長い牙があったという。この特徴があるため、他の長鼻類のグループとは比較的区別しやすいかもしれない。肩高は2・5〜3メートル。

ステゴドン類の代表としては、本書は「コウガゾウ」を挙げておきたい。肩高は3・8メートル。長鼻類の中では、最大級とされる種の一つだ。ステゴドン類の牙は、途中でやや内側にしなったのち、先端は外を向くという特徴がある。コウガゾウに関しては、18ページも参考にされたい。

ゾウ類からは、現生種として「アジアゾウ」を、絶滅種として「ケナガマンモス」を紹介しておこう。アジアゾウの肩高は、2〜3メートル、ケナガマンモスの肩高は3〜3・5メートルだ。ともに上顎に長い牙をもち、その牙は途中で外側に大きくしなったのち、先端は内側を向いている。

ここで挙げた各種のうち、ケナガマンモスは、その名の通り〝毛もじゃもじゃ〟なので、一見して「ちがう種」とわかるかもしれない。でも、ケナガマンモスは、同じゾウ類のレベルどころか、マンモスの仲間内でも〝異端児〟であり、他のマンモスはおそらく〝毛もじゃもじゃ〟ではなかったはずだ。

……おそらく、というのは、何しろ、毛のような軟組織が化石となっていることが、極めて稀だからだ。

そのため、実際のところはよくわからない。ケナガマンモスは、保存状態の良い、いわゆる「冷凍マンモス」が発見されているので、〝毛もじゃもじゃ〟とわかるのである。

いずれにしろ、これらの長鼻類はみなよく似ている。

よく見ると、プロポーションや牙にちがいがあるが、見分ける手段としては、さて、どうだろう？　わかりやすいといえるだろうか。

さらにややこしいことに、専門家でさえ、ゾウ類以外に「〇〇ゾウ」の和名を与えている。これは「コウガゾウ」が良い例だろう。コウガゾウは、ステゴドン類の所属であって、ゾウ類ではない。

専門家や、よほどの愛好家でなければ、これらの長鼻類を（とくに化石の状態で）見分けることは難しい。

ステゴドン
Stegodon
第三紀鮮新世～第四紀更新世
日本、中国、インドネシアほか

アジアゾウ
Elephas maximus
第四紀更新世～現在
インドから東南アジア

ケナガマンモス
Mammuthus primigenius
第四紀更新世
ロシア、日本、アメリカほか

とくに「並べて比較」ができるのであればともかく、単体で見たときには、なかなかの難題といえる。

口の中を見れば……

たがいによく似た姿をもつ長鼻類。そのちがいを見つけたいのであれば、実は口の中を覗くことが手っ取り早い方法だ（○○ページの図も参照）。

そもそも長鼻類の口の中は、私たちヒトとは決定的に異なる。ヒトの場合、28～32本の歯がある。その歯も切歯、犬歯、臼歯といった種類がある。

一方、長鼻類の場合、牙を除けば、上下左右に1本ずつしか歯がない（ちなみに、その牙も「切歯」が変化したもので、他の哺乳類のように「犬歯＝牙」というわけではない）。長鼻類の歯は、前後に長く、横幅もあり、ずっしりと重い臼歯である。

長鼻類は、「水平交換」と呼ばれる独特の臼歯交換システムをもっている。使用にともなって前部が磨耗していく臼歯は、後方から生まれる新たな臼歯によって押し出されていくのだ（そのため、口の中を覗くタイミングによっては、各あごに2本の臼歯が見えることもある）。

臼歯の役割は、食物のすりつぶしだ。長鼻類は進化によって臼歯が変化し、このすりつぶし性能が高まっていく。

歯に注目して、再び長鼻類各種を見直してみよう。

ここで紹介した長鼻類各種のうち、最も原始的な種は、アメリカマストドンだ。その臼歯は、左右に突起が並び、部分的に左右の突起はそれぞれ癒合している。

アメリカマストドン
Mammut americanum
第三紀鮮新世〜第四紀更新世
アメリカ、カナダ、メキシコ

ゴンフォテリウム
Gomphotherium
第三紀中新世〜第四紀更新世
ドイツ、中国、アメリカほか

アメリカマストドンより進化的とされるゴンフォテリウムの臼歯は、マストドンのそれと似ているけれども、全体的にもう少し細かいつくりをしている。

その次のステップとなるコウガゾウの臼歯になると、「左右の突起」ではなく、「板」が並んでいるように見える。

アジアゾウは、その次に位置づけられる。臼歯は板が並ぶのではなく、その上面に線状の突起が並ぶ（次ページ参照）。さながら「洗濯板」のようなつくりだ（「洗濯板」がわからない世代の若者たちは、ぜひ、インターネットなどで検索を）。

そして、アジアゾウよりも進化的とされるのがケナガマンモスである。こちらの臼歯は、洗濯板の〝目〟が細かくなっている。

かつて世界中にいた

現生唯一の長鼻類であるゾウ類は、その生息域がアジアとアフリカの一部に限られている。

しかし、過去の長鼻類は、オーストラリア大陸と南極大陸以外のすべての大陸に進出していた。

ここで紹介した長鼻類で最も古い「マムート類」は、アフリカ大陸に出現し、ユーラシア大陸、北アメリカ大陸にいた。

ゴンフォテリウム類も起源はアフリカ大陸にある。そして、ユーラシア大陸、北アメリカ大陸に進出し、マムート類が到達できなかった南アメリカ大陸にも到達している。

一方、「ステゴドン類」は、インドシナ半島が起源とされる。そして、そこから西はアフリカ大陸にまで進

長鼻類における臼歯の違い（真上から見た図）

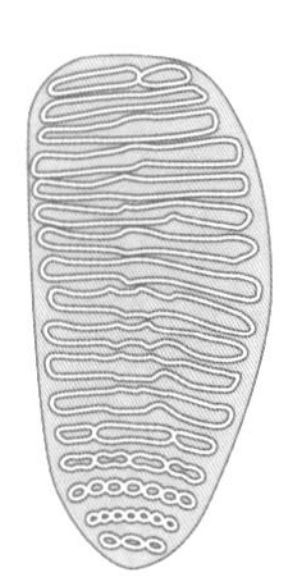
ケナガマンモス
Mammuthus primigenius

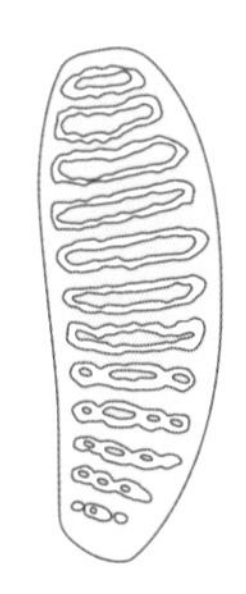
アジアゾウ
Elephas maximus

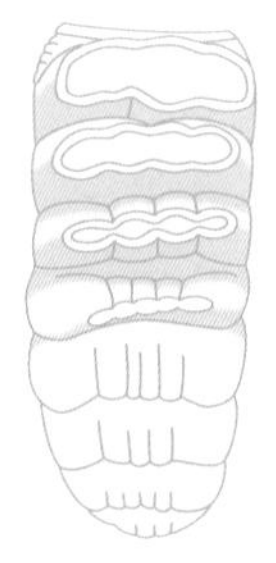
ステゴドン
Stegodon

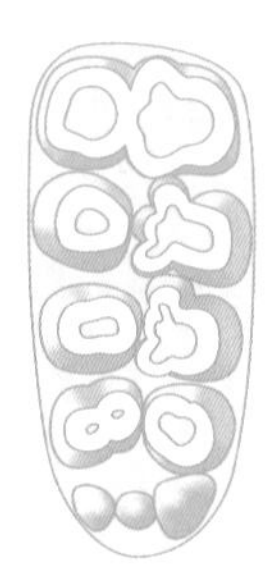
ゴンフォテリウム
Gomphotherium

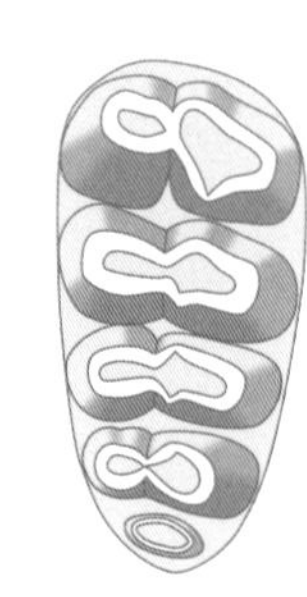
アメリカマストドン
Mammut americanum

出したが、束はベーリング海峡を渡らずに繁栄を終えた。

「ゾウ類」も、起源はアフリカ大陸にある。マムート類、ゴンフォテリウム類と同じように、〝出アフリカ〟ののちに、ユーラシア大陸、北アメリカ大陸と生息域を広げたが、ゴンフォテリウム類とはちがって南アメリカ大陸に渡ることはなかった。

なお、注意すべきは、原始的・進化的という身体上の特徴と、出現順は必ずしも一致しないということだ。

ここで紹介した5種の中で、最も原始的とされるアメリカマストドンと、最も進化的とされるケナガマンモスは、ともに更新世に生きていた動物だし、そんなケナガマンモスよりも、現生種のアジアゾウの方が原始的とされる。

つまり、絶滅種の方が、現生種よりも進化的なのだ。

なぜ、絶滅したのだろう?

原始的なものが滅ぶとは限らないし、広大な分布域を誇っていたゴンフォテリウム類が姿を消しているように、広範囲で繁栄していたものが子孫を残しつづけることができるとも限らないのである。

絶滅の理由はさまざまだ。それは、たった一つの〝大事件〟が原因かもしれないし、複数の〝小さな事件〟が原因かもしれない。とくに古生物に関しては、誰も観察していないので、すべてが「仮説」である。

長鼻類の中で「進化的」とされるケナガマンモスに関しても、その絶滅の原因に関しては、大きく二つの仮説が提案されている。

一つは、環境の変化にケナガマン

長鼻類の系統

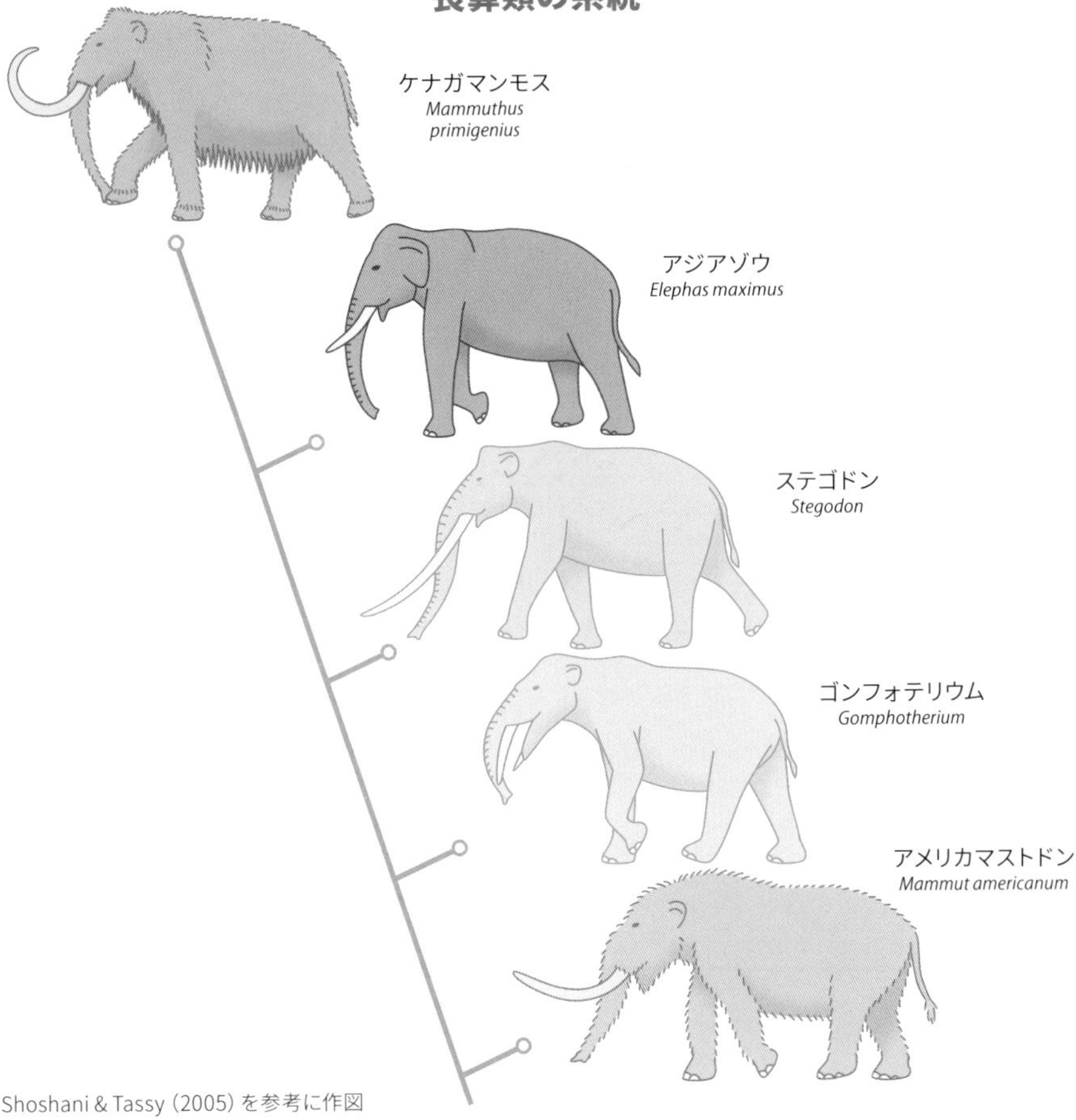

ケナガマンモス
Mammuthus primigenius

アジアゾウ
Elephas maximus

ステゴドン
Stegodon

ゴンフォテリウム
Gomphotherium

アメリカマストドン
Mammut americanum

Shoshani & Tassy (2005) を参考に作図

モスが対応しきれなかったという仮説だ。

もう一つの仮説は、人類の過剰殺戮に原因を求めるというものだ。

どちらの説も一長一短で、わずか1万年前のことであるのに、決着をみていない。

ケナガマンモスに限らず、かつて大繁栄した長鼻類が、現生ではゾウ類の一部だけとなっている理由は、今もって謎なのだ。

モエリテリウム
プラティベロドン
マムーサス・スンガリ

“はじめ”は“普通”でしたが……

現在の地球で「大型の陸棲哺乳類は何か」と問われれば、多くの人々が「ゾウ類」を挙げることだろう。

実際のところ、とくに「アフリカゾウ(*Loxodonta africana*)」は、肩高4メートルに達する巨獣である。さらに化石種のゾウ類には、例えば「松花江マンモス」の和名で知られる「マムーサス・スンガリ」がいた。マムーサス・スンガリの肩高は5メートル前後もあったとみられている。

そんなゾウ類は、より大きなグループとして「長鼻類」に属している。長鼻類の歴史を紐解くと、その初期の種においては、「大きさ」はとくに目立ったものではなかった。

初期の長鼻類の代表として「モエリテリウム」がいる（メリテリウム、とも呼ぶ）。新生代古第三紀始新世に出現した。

一見するとカバにも見える姿のモエリテリウムは、胴が長く、2メートル近くもあった。ただし、肩高は60センチメートルほどしかない。アフリカゾウの6分の1以下だ。

頭とからだが大きくなりまして……

長鼻類の進化は、一言でいえば「大型化」だ。

モエリテリウムのいた始新世から2000万年以上の歳月が経過して新第三紀中新世になると、肩高2メートルの「プラティベロドン」が出現している。

プラティベロドンは、下顎の先端の牙（切歯）が平たく前に伸び、まるでシャベルのような面構えになっていた。

からだだけではなく、頭部自体の大きさも、モエリテリウムよりもずっと大きい。

鼻も長くなりました

長鼻類の進化は、歯と頭部の大型化でもある。頭部が大きく重くなれば、必然的に首は短くなる。「てこの原理」と同じで、首が長いと頭部の重さを支えるために膨大な筋肉が必要になってしまうからだ。

からだも大きくなっている長鼻類は、首が短いと口を地面（水面）に容易につけることができない。

そこで長い鼻（正しくは、鼻と上唇）が進化したと考えられている。「ゾウの長い鼻」は、重く大きい頭部ゆえに必要なものなのだ。

モエリテリウム
Moeritherium
新生代古第三紀始新世〜漸新世
アフリカ

プラティベロドン
Platybelodon
新生代新第三紀中新世
アメリカ、ヨーロッパ、アジアなど

マムーサス・スンガリ
Mammuthus sungari
新生代新第四紀更新世
中国

ゾウ類
Elephantidae

氷河時代の代表選手

「ケナガマンモス」といえば、〝多くの人々が知る古生物〟の一つだろう。肩高3・5メートル、全身を長い毛で覆い、その化石はヨーロッパからアラスカまで、日本でも北海道から発見されている。

ケナガマンモスは、いわゆる「氷河時代」にあたる新生代第四紀更新世を代表する動物で、当時大繁栄した。しかし、氷期が終焉した約1万年前の更新世末に数を激減させた。その後、完新世になってからも細々と命脈をつないできたが、約4000年前に最後の1個体も滅んだとみられている。

すべての古生物の中でも、高い知名度を誇るケナガマンモス。現代日本の各地で開催される〝古生物企画展〟において、恐竜類以外でも〝集客力のある人気者〟だ。

しかし、そんなケナガマンモスは、ゾウ類の中では実は「新型（進化型）」といえる存在なのだ。

ゾウの方が原始的なのです

ゾウ類の現生種を代表するのは、

ケナガマンモス
アフリカゾウ
アジアゾウ

ゾウ類の系統

ケナガマンモス
Mammuthus primigenius
新生代第四紀更新世
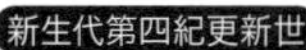
ロシア、日本、アメリカほか

アジアゾウ
Elephas maximus
新生代第四紀更新世〜現在

インドから東南アジア

アフリカゾウ
Loxodonta africana
新生代第四紀更新世〜現在

アフリカ

Shoshani and Tassy (2005) を参考に作図

「アフリカゾウ」と「アジアゾウ」だろう。

アフリカゾウは現在の地球において最大の陸棲動物で、その肩高はケナガマンモスよりもひと回り大きな4メートル近くにまで達する。

一方のアジアゾウは、アジアにおける最大の陸棲動物であり、肩高は3メートルほどだ。こちらはケナガマンモスよりもひと回り小さい。

動物園などで馴染みの深いこの2種類の現生ゾウ類は、実はケナガマンモスと同じ更新世からの歴史をもっている。

アフリカゾウの化石は南アフリカ、スーダン、タンザニアなどのアフリカ各地から、アジアゾウの化石は、インドやインドネシア、台湾などから報告されている。

氷河時代、寒冷な高緯度地方ではケナガマンモスが大繁栄する一方で、低緯度地方を中心にアフリカゾウやアジアゾウも生息圏を広げていたのだ。

そして、ケナガマンモスは滅び、アフリカゾウやアジアゾウは生き残ったということになる。

骨の特徴を分析した研究によると、ケナガマンモス、アフリカゾウ、アジアゾウの中で、最も原始的なゾウ類は、アフリカゾウとなる。その後、アジアゾウが登場し、ケナガマンモスが登場した。

古生物だからといって、原始的とは限らない。ケナガマンモスは、その例の一つといえるだろう。

ステゴドン類（るい） Stegodontidae

小さくなっちゃった

大陸から日本へ

かつて、日本には多くの長鼻類が生息していた。彼らは大陸からやってきて日本各地で暮らし、そして、滅びていった。

そんな長鼻類の中で、「コウガゾウ」「ミエゾウ」「ハチオウジゾウ」「アケボノゾウ」の4種は、互いに祖先・子孫の関係にあるとされる。

こうして和名で書くとわかりにくいかもしれない。彼らはいずれも「ステゴドン属」と呼ばれるグループに属しており、「ゾウ」という和名であっても、現生のゾウ類とは関係がない。

この4種の中で、最も古い長鼻類はコウガゾウだ。「ツダンスキーゾウ」とも呼ばれるこの長鼻類は、もともとは中国に生息しており、約530万年前（新生代新第三紀中新世（ちゅうしんせい）末）に日本にやってきたとみられている。残念ながら、そのルートについては不明であり、日本では宮城県のみで化石がみつかっている。ちなみに、肩高は3・8メートルほどと推測されている。

コウガゾウ
ミエゾウ
ハチオウジゾウ
アケボノゾウ

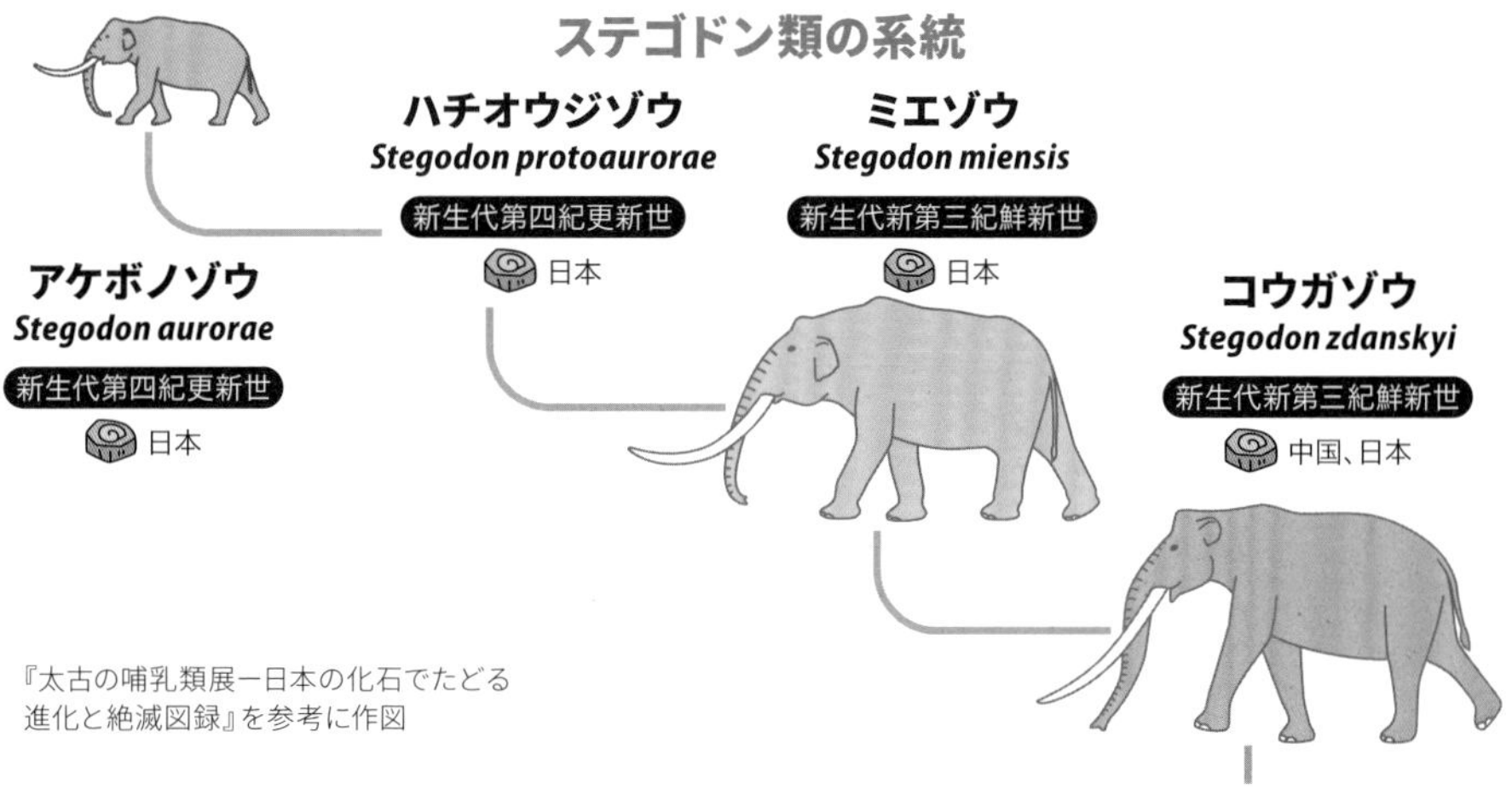

ステゴドン類の系統

ハチオウジゾウ
Stegodon protoaurorae
新生代第四紀更新世
日本

ミエゾウ
Stegodon miensis
新生代新第三紀鮮新世
日本

アケボノゾウ
Stegodon aurorae
新生代第四紀更新世
日本

コウガゾウ
Stegodon zdanskyi
新生代新第三紀鮮新世
中国、日本

『太古の哺乳類展ー日本の化石でたどる進化と絶滅図録』を参考に作図

島国では小さくなります

コウガゾウが〝来日〟した中新世の次の時代である鮮新世になると、コウガゾウを祖先として、ミエゾウが出現した。こちらは、その名が示すように三重県を中心とした各地で化石が発見されている。

ミエゾウは肩高3・6メートルと見積もられている。コウガゾウより少し小さいか、あるいはほぼ同等のサイズだった。

そして、ミエゾウから進化したと考えられている長鼻類が、鮮新世の次の時代にあたる第四紀更新世に登場したハチオウジゾウである。その名の通り、東京都の八王子市で化石がみつかった。ただし、化石が部分的なため、全身像についてはよくわかっていない。

「日本列島にやってきた結果」が顕著にわかる長鼻類が、ハチオウジゾウから進化したアケボノゾウだ。

更新世に登場し、埼玉県などで化石がみつかるこの長鼻類は、肩高が1・7メートルほどしかない。ヒトの身長とさしてかわらないサイズである。

大陸から島へ渡った大型の脊椎動物は、島で進化を重ねるうちに小型化する傾向があることが知られている。日本にやってきたステゴドン属の長鼻類は、その好例として知られる。

なお、小型化の原因は、島であるが故に、大陸ほどの量の食料がなかったためと考えられている。

束柱類
Desmostylia

日本を代表する哺乳類

俗に「日本を代表する古生物」と呼ばれるものはいくつか存在する。そうした古生物の中で、とくに脊椎動物において、その座にあるのは「デスモスチルス」と「パレオパラドキシア」だろう。

デスモスチルスもパレオパラドキシアも、頭胴長2～3メートルほどの哺乳類で、新生代新第三紀中新世の日本各地、そしてカムチャツカ半島や北アメリカ大陸の西岸に生息していた。その寸詰まりの吻部やどっしりとした体つきから、現生の「カバ（*Hippopotamus amphibius*）」に間違われることもある。

ただし、カバとは脚のつき方や手足の大きさなどが異なり、何よりも臼歯の形が決定的にちがっていた。デスモスチルスで最も顕著となるその歯の形は、まるで柱を束ねたようだ。故に、このグループは「束柱類」と呼ばれている。

泳ぎは苦手の仲間たち

最初期の束柱類とされるのは、全長2・7メートルの「ベヘモトプス」

ベヘモトプス
パレオパラドキシア
アショロア
デスモスチルス

束柱類の系統

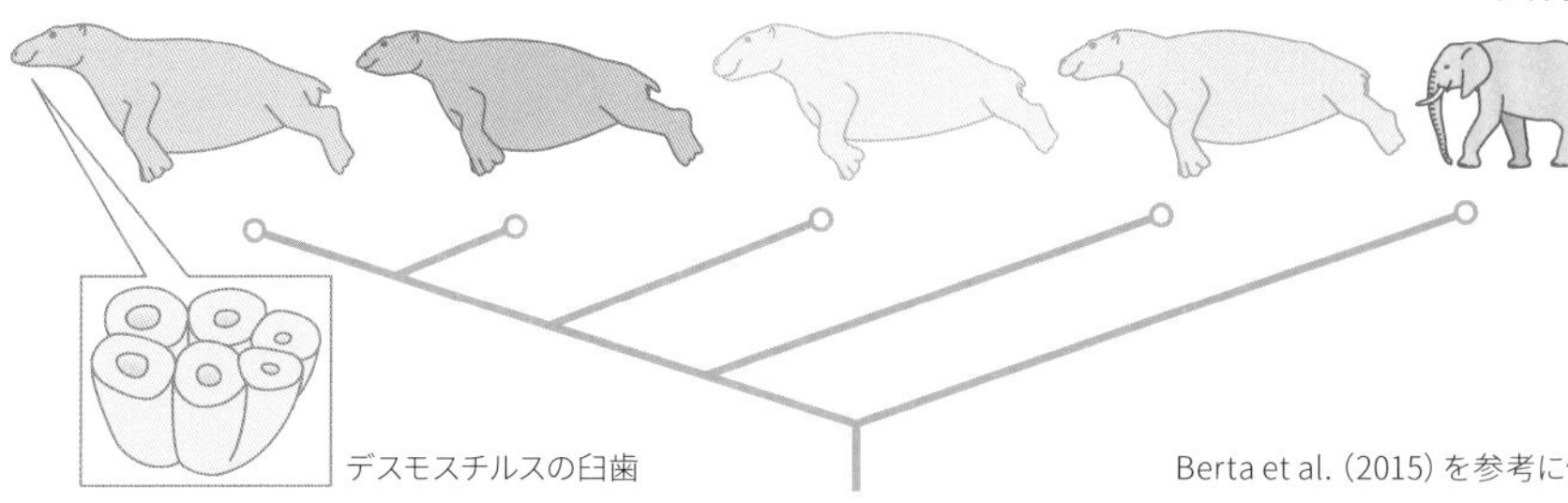

Berta et al.（2015）を参考に作図

だ。すでに束柱類らしいからだつきをしていたが、歯の形はまだ完全に柱状になってはいなかった。

ベヘモトプスの一歩先の束柱類としてパレオパラドキシア、そのさらに一歩先として、頭胴長1・8メートルの「アショロア」などが報告されている。

ベヘモトプス、パレオパラドキシア、アショロアの骨の断面構造を調べた研究によって、その骨は緻密だったことが明らかになっている。この研究によれば、この骨は沿岸域に生息する哺乳類に似ているという。半陸半水の生態で、あまり遠洋まで泳げなかったようだ。

沿岸型から遠洋可能型へ？

束柱類の進化において「最も特殊化した」とされる存在が、デスモスチルスだ。こちらの骨の断面構造は、幼体では緻密であることに対し、成体ではスカスカだった。スカスカの断面は、遠洋性の哺乳類にみられる特徴である。

そのため、成長したデスモスチルスは遠洋まで泳ぐことができたとみられている。

僕も遠洋可能型かも？

もっとも、束柱類というグループ自体が絶滅しているため、こうした生態には謎がともなう。

パレオパラドキシアの肋骨に注目した研究では、パレオパラドキシアの肋骨は浮力の助けのない陸上で前脚を支えるほどの強度がなかったとも指摘されている。この研究では、パレオパラドキシアは完全水棲とされている。

海牛類
Sirenia

そして、〝人魚〟になった

「人魚」と呼ばれる哺乳類

「ジュゴン（*Dugong dugon*）」は、熱帯の浅い海域に暮らす海棲哺乳類だ。その分布域はアフリカ大陸の東岸から南太平洋の島々の沿岸まで広い。大きなものでは4メートル近くになり、体重は900キログラムになる。「人魚」のモデルとされるその姿は、吻部は寸詰まりで、オールの先のような形で厚みのある前脚をもち、後ろ脚は消失していて、尾びれを備えている。

ジュゴンが属しているグループは、「海牛類」と呼ばれている。現生種は、ジュゴンの仲間とマナティの仲間で構成され、多様性はわずか4種だけだ。生息数も、グループ全体で約13万頭ほどしかいない。

クジラ類をはじめ、鰭脚類などさまざまな海棲哺乳類が現在の海で暮らしているけれども、〝完全草食性〟は海牛類だけだ。彼らは海藻とその根を食べる。

海牛類は、イワダヌキ類と長鼻類、そして束柱類に近縁のグループとされている。イワダヌキ類よりは進化的で、長鼻類と束柱類よりは原始

ペゾシーレン

的らしい。

かつては「あし」があったのです

最初期の海牛類の代表は、新生代古第三紀始新世（ししんせい）のカリブ海周辺に暮らしていた「ペゾシーレン」だ。

ペゾシーレンは全長2・1メートルほど。寸詰まりの吻部と長い胴など、どことなく現生の海牛類を彷彿とさせる。

しかし、何の予備知識もなくペゾシーレンを紹介されれば、それが「海牛類の動物である」と認識することは難しいだろう。

なにしろ、ペゾシーレンには、しっかりとした四肢があったのだ（……かなり短足ではあるけれども）。

そして、尾びれはなかった。

現生の海牛類とはちがい、ペゾシーレンは地上を歩き回ることができた。

ただし、肋骨が重く、水中でバラスト（おもり）として使うことに適していたこと、鼻の位置が高く、水面で呼吸をしやすかったことなどから、生活の主体は水中にあったと考えられている。

その後、海牛類は後ろ脚を消失し、尾びれをもった。4000万年を超えるその進化の歴史の中で、けっして「大繁栄」をすることはなかった。

しかし、現在まで子孫を残すことに成功している。

ペゾシーレン
Pezosiren
新生代古第三紀始新世
ジャマイカ

ジュゴン
Dugong dugon
新生代第四紀更新世〜現在
インド洋、太平洋沿岸

グリプトドン類（るい）
Glyptodontinae

防御力の高さなら お任せ！

全本位防御こそ できませんが……

現生の哺乳類の中で、「防御力が高い」といえば「ミツオビアルマジロ（*Tolypeutes tricinctus*）」を挙げることができるだろう。背と頭部と尾を骨片でできた鎧で覆う、頭胴長30センチメートルほどのこの哺乳類は、危険が迫るとくるりとボール状に丸くなり、全方位に対する防御の姿勢を取る。

ミツオビアルマジロの属するアルマジロ類は、より広いグループとして「被甲類」に属している。

被甲類には、アルマジロ類の他にもう一つの大きなグループがあり、「グリプトドン類」と名付けられている。こちらは、グループまるごと絶滅している。

グリプトドン類もまた硬い骨片が敷き詰められた鎧をもっていた。ただし、〝オビ（帯）状構造〟がないために、アルマジロ類のように丸くなることはできず、その鎧には可動性がまったくない。

グリプトドン類の歴史そのものは、新生代古第三紀始新世（ししんせい）に始まるけれ

グリプトドン
ドエディクルス
パノクトゥス

グリプトドン類の系統

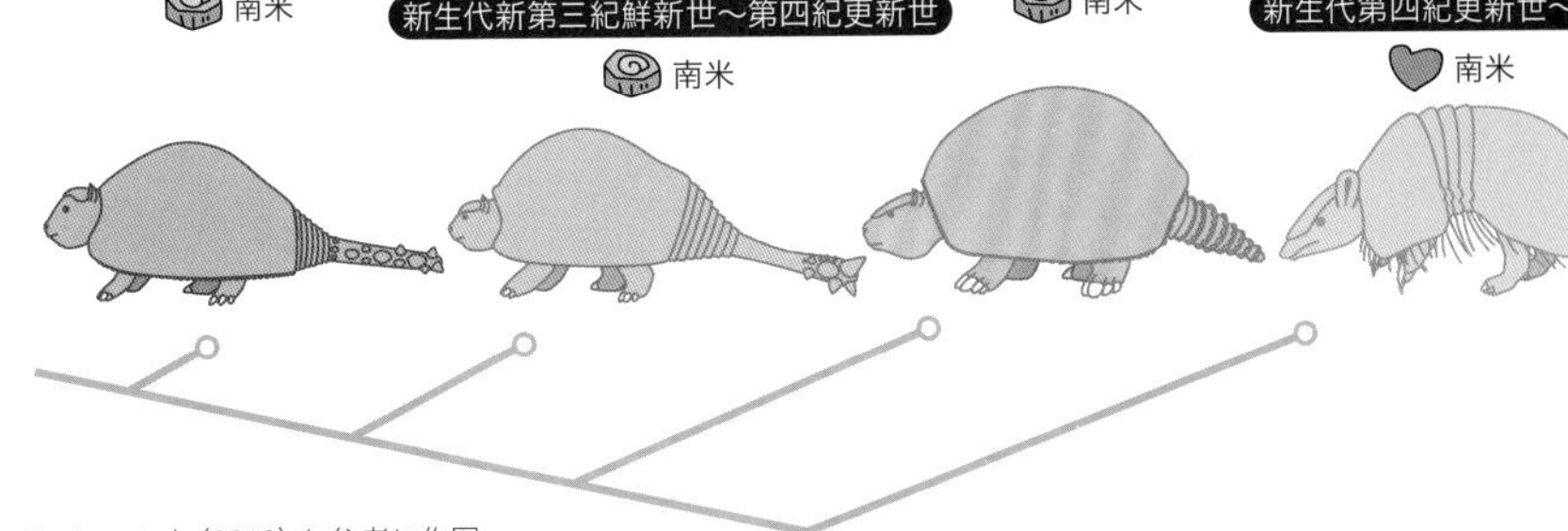

Zurita et al.(2013)を参考に作図

ども、その存在が顕著になるのは第四紀更新世になってからだ。数メートル級の大型種が出現したのである。「グリプトドン」は、そんなグリプトドン類全盛期の代表的な存在だ。その化石は、南アメリカ大陸の各地から発見されている。全長は3メートルに達し、背の鎧は大きく膨らんでいた。

最も武装した哺乳類です

グリプトドンと前後する形で出現した「ドエディクルス」は、グリプトドンよりも〝一歩進んだ存在〟とみられている。

全長4メートルのドエディクルスは、グリプトドン類では最も大きなからだの持ち主だ。背の鎧は前半が高く、後半は前半部よりもやや低くなった2段構造で、尾の先は太い棍棒のようになっており、しかもその棍棒の先にはがっしりとしたトゲがついていた。

こうした容貌のため、ドエディクルスは「知られているうちではもっとも完ぺきに武装した哺乳類」（『新版 絶滅哺乳類図鑑』）と形容されている。

「パノクトゥス」は、そんなドエディクルスの〝さらに一歩先〟に位置付けられている。全長3メートルほどと、ドエディクルスよりもやや小型であり、グリプトドンとほぼ同じサイズだった。見た目は、ドエディクルスとよく似ている。ただし、背の鎧に段差はなく、尾の〝棍棒ぐあい〟も少しちがっていた。

げっしるい
齧歯類
Rodentia

ネズミの仲間だけど……

「大きな齧歯類」といえば……

ネズミやリスの仲間を「齧歯類（げっしるい）」という。

現在の地球には、約1700種の齧歯類がいる。この数は、全哺乳類の4分の1に相当する。南極をのぞくすべての大陸に生息圏があり、水辺から地上、地下、樹上とさまざまな場所を生活の場とする。多くの種は群れをつくる社会性をもち、そして高い繁殖力も備える。

そんな現生の齧歯類の中で「最大種」と位置付けられているのが、「カピバラ（*Hydrochoerus hydrochaeris*）」だ。中央アメリカから南アメリカの東部にかけて生息しているこの齧歯類の頭胴長は、1・3メートル、体重は66キログラムに達する。

この頭胴長の値は、盲導犬で知られるラブラドール・レトリバーを大きく上回り、体重はラブラドール・レトリバーどころか、日本人の成人男性の平均体重も上回っている。

そんなカピバラの主食は、水生植物や木の幹、草などだ。基本的に温厚な性格とされ、細い眼はどことなく〝癒し〟を感じさせてくれる。「温

ジョセフォアルティガシア

泉に浸かって、ほっこりしているカピバラ」を見たことがある人もいるだろう。

カピバラ？　まだ小さいね

カピバラは、ネズミやリスといった齧歯類に比べれば、圧倒的な大型種である。

しかし、齧歯類の歴史を紐解くと、そんなカピバラでさえ「小さいな」と感じさせる、とんでもないサイズの絶滅種がいた。

「ジョセフォアルティガシア」。

それが、巨大齧歯類の名前だ。「ホセフォファルティガシア」と呼ばれることもある。

ジョセフォアルティガシアの化石は、ウルグアイに分布する新生代新第三紀の地層から発見された。

ジョセフォアルティガシアは、発見されている化石は部分的だけれども、その部分化石から推定される頭胴長は約3メートル（カピバラの約2・3倍）、体重は実に約1トン（カピバラの約15倍）に達する。

小さめのコンパクトカー、あるいは、大きめの軽自動車……つまり、現代日本の車道を走る自動車並みの巨躯だ。

ただ単純に「大きい」だけではないところが、ジョセフォアルティガシアの特徴の一つだ。

コンピューターを使った分析によると、ジョセフォアルティガシアの噛む力は、前歯で1389ニュートン、奥歯は4165ニュートンもあったという。かなり強力だ。

ジョセフォアルティガシアは、その強力な顎を使って、土を掘り、根を食べていたのかもしれない。強力な顎は、捕食者から攻撃を受けたときにも役立ったとみられている。

ジョセフォアルティガシアは、齧歯類の歴史の中でも突出した大型種である。ジョセフォアルティガシアの出現以前、あるいは、ジョセフォアルティガシアの絶滅後にこれほどの巨躯をもっていた齧歯類は確認されていない。

ハリネズミ類
Erinaceidae

昔の仲間は大きかった①

デイノガレリックス

大きなハリネズミ

「ハリネズミ類」というグループがある。「ネズミ」という名前はついていても、「齧歯類」（ネズミが属するグループ）ではなく、モグラの仲間に近縁で、「食虫類」の一員だ。

ハリネズミ類は、現在の地球で広く繁栄しており、文字通りネズミのような顔つきで、そして背にたくさんの針が並ぶ種が多い（背の針がない種もいる）。

そして、基本的に現生種は小型だ。たとえば、その身に危険が迫るとくるりと丸くなる「ナミハリネズミ（*Erinaceus europaeus*）」は、大きくても30センチメートルほどだ。小さいものでは14センチメートルしかない。

そんなハリネズミ類には、かつて大型犬サイズの大型種がいた。

その大型種の名前は「デイノガレリックス」。全長はナミハリネズミの2倍に相当する70センチメートルに達した。頭部だけでも20センチメートルの長さがある。

島で小さくなるとは限らない

デイノガレリックスが生きてい

た時代は、新生代新第三紀中新世。場所は、イタリアのガルガーノだ。

この時代と場所が、「ハリネズミ類の大型種」の誕生に大きく関わったとみられている。

現在のガルガーノは、イタリア半島の一部だ。しかし、中新世当時のガルガーノは、周囲を海で囲まれた島だったと考えられている。

つまり、デイノガレリックスは、〝島で進化したハリネズミ類〟なのである。

「島における進化」でよく知られるのは、デイノガレリックスのような「大型化」ではなく、「小型化」だろう。たとえば、18ページでふれた「日本におけるステゴドン類の進化」は、古生物学では実はよく知られた話なのだ。

たしかに島にやってきた大型種は、その〝食料事情〟から小型化する傾向にある。大陸とちがい、島では巨体を維持するだけの食料の確保は難しいからだ。

一方、その島に天敵となるような大型種が不在だった場合、小型種は大型化するようだ。小型種は、〝多少大きくなった〟くらいでは島の〝食料〟を圧迫することはない。

むしろ、大型種が不在なため、からだが大きな方が他種に対する優位性などを確保できて〝便利〟だ。

デイノガレリックスも、おそらく〝普通サイズのハリネズミ類〟から、大型化したと考えられている。

デイノガレリックス
Deinogalerix
新生代新第三紀中新世
イタリア

ナミハリネズミ
Erinaceus europaeus
新生代第四紀更新世〜現在
ヨーロッパ

食肉類
Carnivora

ボクら、祖先は同じやで

ミアキス
イヌ
ネコ

樹上にいた祖先

「ラブラドール・レトリバー」「シェットランド・シープドッグ」「柴犬」……これらは、「犬種」である。「犬種」は、人為的につくられているもので、「種」とは異なる。ここで挙げたすべての犬種は、種という単位で見ると「カニス・ルプス・ファミリアリス」という一つの種（正確には「亜種」）だ。いわゆる「イヌ」である。

一方、「スコティッシュ・フォールド」「マンチカン」は、「猫種」だ。こちらもすべての猫種は、「フェリス・カトゥス」という一つの種である。こちらが「ネコ」だ。

私たちに最も身近な動物であるイヌとネコ。ともに「食肉類」というグループに属している。その進化の歴史は、同じ動物グループから始まっている。

食肉類における最古級のグループの名前を「ミアキス類」と呼ぶ。

ミアキス類は、新生代古第三紀始新世に出現した。北アメリカ大陸にいた頭胴長1メートルに満たない小型の「ミアキス」に代表される。

ミアキスは短いながらもしっかりとした四肢をもち、足は指先から踵までをつけて歩いていた。この歩き方は「蹠行性（しょこうせい）」と呼ばれる。現生のイヌとネコはともに爪先だけで歩く「趾行性（しこうせい）」だから、これは大きなちがいだ。蹠行性は、趾行性よりも安定感が高いとされ、ミアキスは地上から樹上までの広い範囲で暮らしていたとみられている。

広い場所を走ろう

ミアキス類から進化したイヌとネコ。しかし、その進化の道筋は大きく違っていた。

そもそもミアキス類がいた当時の地球は、広い範囲に森林があった。ミアキス類は、この森林の樹上で暮らしていた。

しかし時が進むに連れて、森林は縮小し、草原が広がっていった。このとき、草原に進出し、〝走り回る進化〟を遂げていった仲間の系譜が、イヌへとつながっていく。

ずっと同じ場所で

一方、縮小しても、森林がなくなったわけではない。狭くなった森林に残った仲間もいた。その系譜がネコにつながる。

ミアキス類から進化した二つの系譜。それは、地球環境の変化に対応した、二つの進化でもあるのだ。

ミアキス
Miacis
新生代古第三紀始新世
北米、ヨーロッパ、アジア

イヌ
Canis lupus familiaris
現在
世界各地

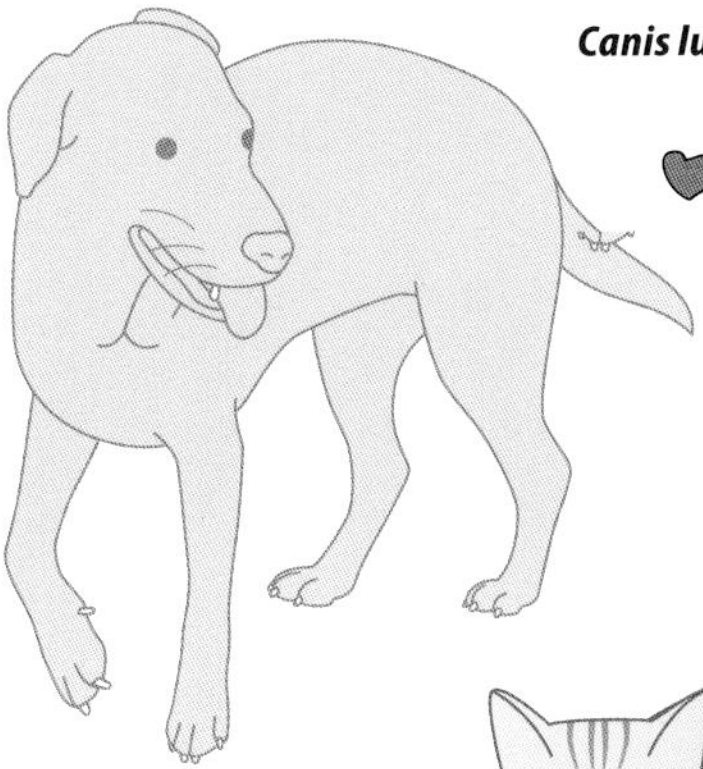

ネコ
Felis silvestris catus
現在
世界各地

イヌは、変化を重ねた

ヘスペロキオン
レプトキオン
ダイアウルフ

樹上もOKの祖先

30ページで見たように、イヌ類の歴史は、ネコ類との共通祖先「ミアキス類」から始まった。

遅くとも約3700万年前の新生代古第三紀始新世の終盤には、北アメリカ大陸に〝最古のイヌ類〟とされる「ヘスペロキオン」が登場した。ヘスペロキオンは頭胴長40センチメートル前後、体重1〜2キログラムという小さな動物だ。風貌は、祖先であるミアキス類のそれに近い。

ヘスペロキオンは、イヌ類でありながらも、現生のイヌ類とはさまざまな点が異なっていた。

その一つが、指の本数だ。現生のイヌ類の足には、前足に5本、後ろ足に4本の指がある。これに対して、ヘスペロキオンの足には、前後ともに5本の指があった。しかも、その指には鋭い爪がある。ミアキス類と同じく踵をつけて歩く「蹠行性」で、地上を走り回ることも、樹木に登ることもできたらしい。

〝長寿〟の祖先

その後、古第三紀漸新世になると、

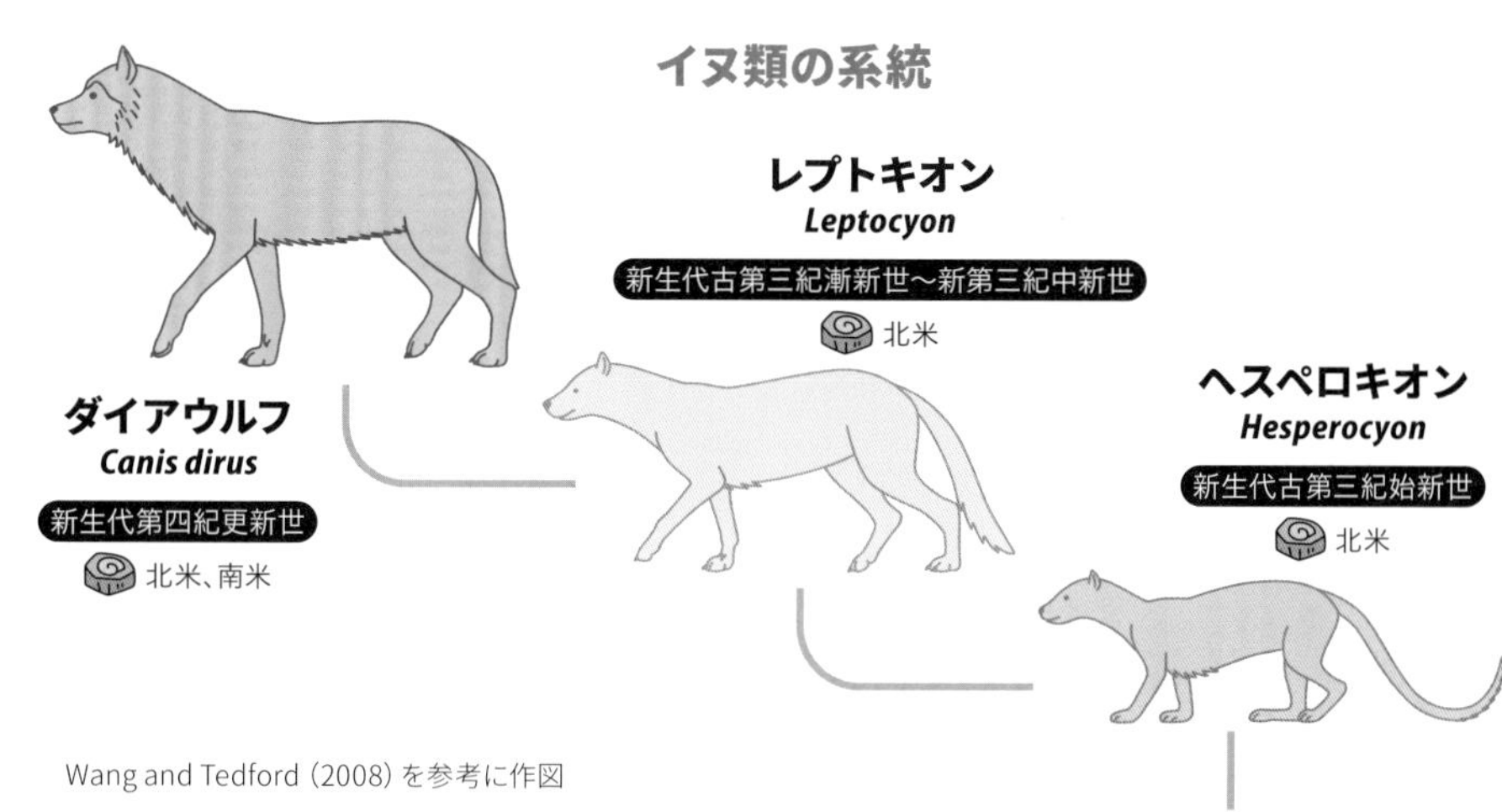

Wang and Tedford (2008) を参考に作図

イヌ類に「レプトキオン」が出現する。レプトキオンは頭胴長50センチメートルほど、体重は2キログラムほど。長さだけでみれば、現代日本でいうところの「大きめの小型犬」といったサイズで、その見た目は、どちらかといえば、現生のキツネの仲間に近い。ちなみに、キツネの仲間は、イヌ類に属している。

レプトキオンは、現生のイヌ類と同じくつま先で歩く「趾行性（しこうせい）」だった。当時、広がりつつあった草原を駆け回っていたとみられている。

レプトキオンはたいへん成功したイヌ類で、1000万年超に渡って滅ぶことなく命脈を保った。とても〝長寿のグループ〟なのだ。

そして、ダイアウルフ

繁栄するレプトキオンは、さまざまなイヌ類を生み出した。その中の一つが、イヌを含むグループである「カニス（Canis）」属だ。カニス属には、イヌこと「カニス・ルプス・ファミリアリス」のほかにも、オオカミの仲間やジャッカルの仲間などが含まれる。

すでに滅んだカニス属のメンバーに、「ダイアウルフ」の通称で知られる「カニス・ダイルス」がいた。

ダイアウルフは約100万年前の北アメリカ大陸に出現した。現生のオオカミとよく似た姿、よく似たサイズだが、よりがっしりしている。

ダイアウルフは大いに繁栄し、ときに大規模な群れをつくっていたとみられるものの、約1万年前にはなぜか姿を消している。

クマ類
Ursidae

パンダとクマの関係

ヘミキオン
アイルラルクトス

「半分イヌ」が現れる

イヌ類とその近縁種から構成されるグループを「イヌ型類」と呼ぶ。イヌ型類には、イヌ類のほかにも、レッサーパンダ類、イタチ類、スカンク類、アライグマ類などが含まれている。

クマ類もイヌ型類の一員だ。

初期のクマ類は、新生代新第三紀中新世に出現した「ヘミキオン」に代表される。「ヘミキオン」という名前は「半分イヌ」という意味で、その見た目はクマ類よりは、がっしりとしたイヌ類に近い。ただし、頭胴長は1・5メートルほどと、イヌ類と比べると大型だ。現生のクマとは異なり、かかとをつけずに歩く趾行性だった。

パンダも最初は肉食性だった

クマ類の進化をみたときに、ヘミキオンとその仲間は〝初期に袂を分かったグループ〟で、彼らはその後、姿を消していった。

一方で、同じ中新世のうちに、クマ類の中に、現生の「ジャイアントパンダ（*Ailuropoda melanoleuca*）」の系譜が

クマ類の系統

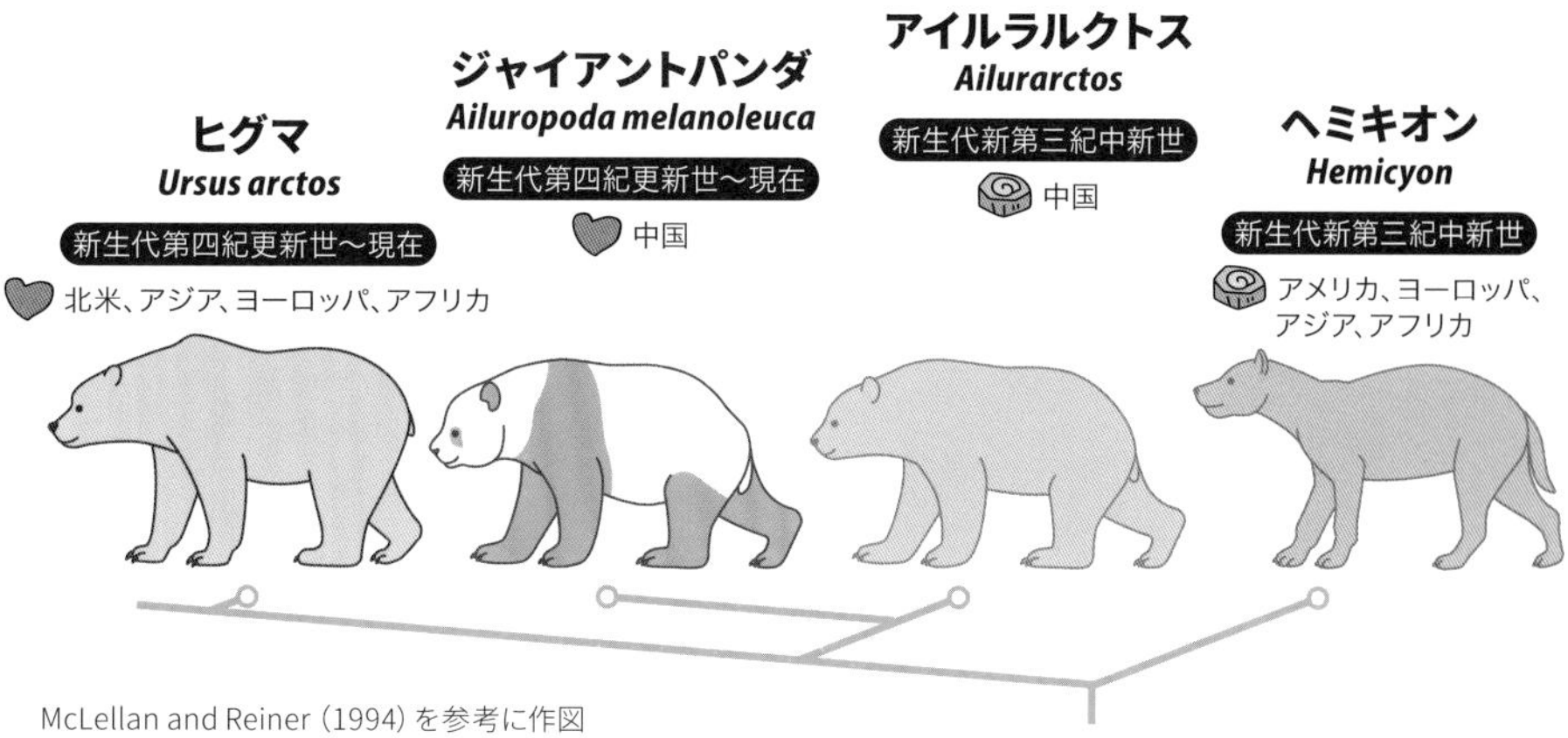

ヒグマ
Ursus arctos
新生代第四紀更新世〜現在
北米、アジア、ヨーロッパ、アフリカ

ジャイアントパンダ
Ailuropoda melanoleuca
新生代第四紀更新世〜現在
中国

アイルラルクトス
Ailurarctos
新生代新第三紀中新世
中国

ヘミキオン
Hemicyon
新生代新第三紀中新世
アメリカ、ヨーロッパ、アジア、アフリカ

McLellan and Reiner（1994）を参考に作図

出現している。「アイルラルクトス」の仲間たちだ。アイルラルクトスの頭胴長はおそらく1メートルほどで、パンダというよりも、クマのような姿をしていたと考えられている。

現生のジャイアントパンダは、竹を主食とする珍しい動物だ。しかし、アイルラルクトスの化石からは竹食を示唆する証拠が確認されていない。当時、アイルラルクトス以外にも複数の近縁種がいた。そのいずれもが、少なくとも主食としては竹を食べていなかった。

最近の研究によれば、クマ類の中でジャイアントパンダの系譜に属するものたちが竹を主食とするようになった時期は、わずか数十万年前のことだったとされる。

陸棲の肉食哺乳類で最大となる

中新世という時代は、クマ類の未来を決める重要な時代だったらしい。この時代、ジャイアントパンダの系譜から少し遅れて、現生のクマたちへとつながる系譜も始まった。彼らは初期の頃から「クマっぽい」からだをしていたとみられている。

今日では、クマの仲間たちは陸棲の肉食哺乳類で最大級だ。北海道にも暮らしている「ヒグマ（*Ursus arctos*）」の雄の体重は、350キログラムにおよぶ。「ホッキョクグマ（*Ursus maritimus*）」にいたっては、800キログラムの巨体である。イヌ類の近縁種として始まったその歴史は、生態系の上位に君臨する大きなからだを手に入れるに至ったのである。

ウマ類
Equidae

捕まらなければ、どうということはない

エオヒップス
ヒッパリオン

葉食から草食へ

人類の歴史は、5000年以上にわたって、「ウマ」とともにある。当初は食料として飼育し始め、その後、移動手段として重宝し、現在では競走馬としてその走りに注目することもある。

現在のウマにはさまざまな品種があり、そのなかでも競馬で有名な「サラブレッド」ともなれば、肩高1・6メートルに達し、約1キロメートルの芝のコースを1分を下回る時間で走り抜ける。

そんなウマの仲間である「ウマ類」は、新生代古第三紀始新世から歴史が始まっている。

肩高50センチメートルほどの「エオヒップス」は、最初期のウマ類の一つだ。サラブレッドの3分の1に満たない肩高である。全体的にほっそりとしたそのからだつきはウマ類というよりは、マメジカの仲間のようにみえる。

現生のウマ類との決定的なちがいは足にある。

現生のウマの足先には1本しか指がなく、これが蹄となっている。

ウマ類の系統

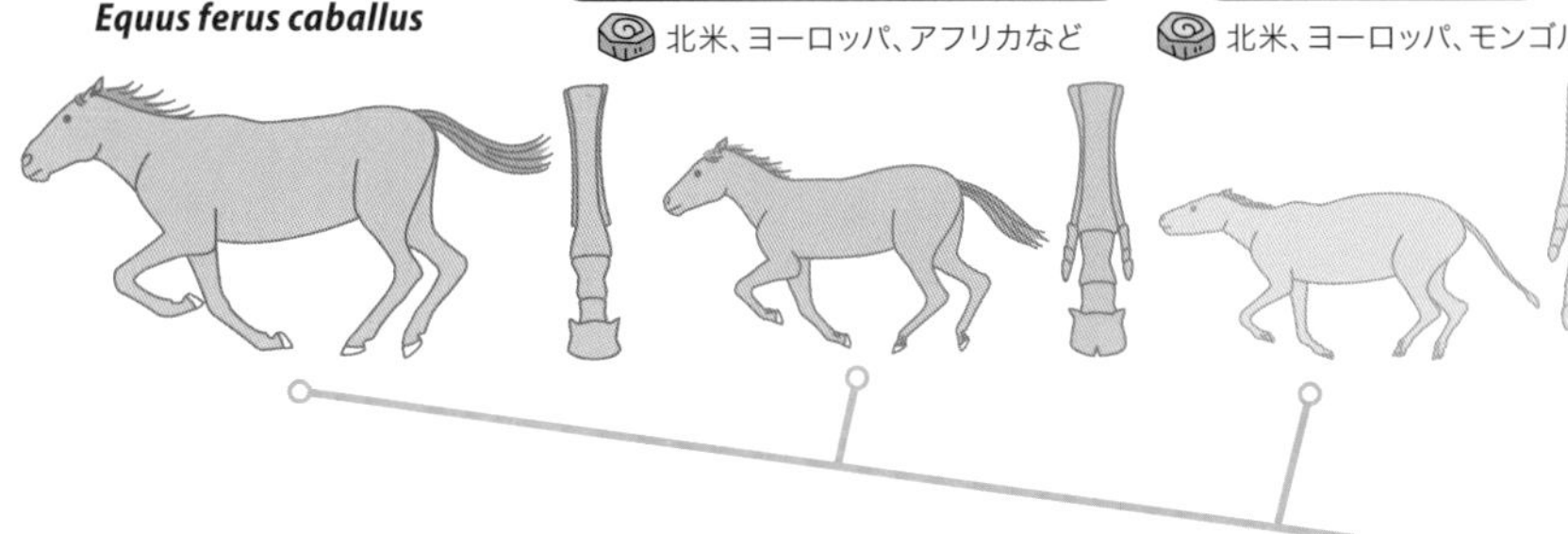

エオヒップスは前足に4本の指、後ろ足に3本の指があった。食性も、ウマのように草を食べるのではなく、もっと柔らかい葉を食べていたとみられている。

速く、もっと速く！

ウマ類の進化は、基本的には〝高速化〟だ。

速く走るためには、1歩の歩幅が大きい方が良い。同じ距離を移動するとき、歩幅が大きい方が歩数が少なくてすむ。歩数が少なければ、エネルギーを余分に使う必要がないし、時間的にも速い。

単純に考えれば、小さなからだよりも大きなからだの方が脚は長く、そして、踵をつけて歩くよりも爪先立ちをした方が歩幅が大きくなる。さらにいえば、足の指のなかで最も長い指だけでからだを支えることができれば、歩幅はさらに大きくなる。

ウマの進化に見られるのは、まさにこの足の変化だ。いわゆる「中指」にあたる第3指だけが太く長くなり、その他の指は縮小し、消失したのである。

たとえば、新生代新第三紀中新世に登場し、初めて本格的に草を食べるようになったとされる「ヒッパリオン」は、前後とも3本の指をもつものの、第3指以外は小さく、接地していない。ちなみに、ヒッパリオンの肩高は1・5メートルほどで、現生のウマとほぼ同じだ。

その後、前後とも1本指のウマが誕生し、さらに人為的な交配で速さを追求してきた結果として、サラブレッドの登場となったわけだ。

カリコテリウム類
Chalicotheriidae

こう見えても、ウマの仲間です

モロプス
カリコテリウム

「奇蹄類」とは……

現在の地球で、一般に「ウマ」と呼ばれる動物は、実際には肩高1・6メートルの「グレービーシマウマ（*Equus grevyi*）」から、肩高1・25メートルの「アフリカノロバ（*Equus africanus*）」まで合計8種がいる。いずれも「*Equus*」という単語（属名）が使われている。すなわち、現在の地球には、1属8種のウマがいることになり、これはそのまま現生のウマ類（科）のすべてとなる（過去のウマ類に関しては、36ページを参考にされたし）。

ウマ類が属するより広いグループが「奇蹄類」だ。

現在の地球で生きる奇蹄類は、ウマ類の他に、バク類とサイ類で構成され、合計3グループ（科）6属17種という陣容となる。

奇蹄類とは、「奇数本の蹄をもつ動物」という意味だ。ただし、これは奇蹄類全体の特徴ではない。

36ページで紹介したウマ類の古生物には、4本（偶数本）の蹄をもつ種類がいたし、現生種でもバク科の動物の前足には4本の指がある。

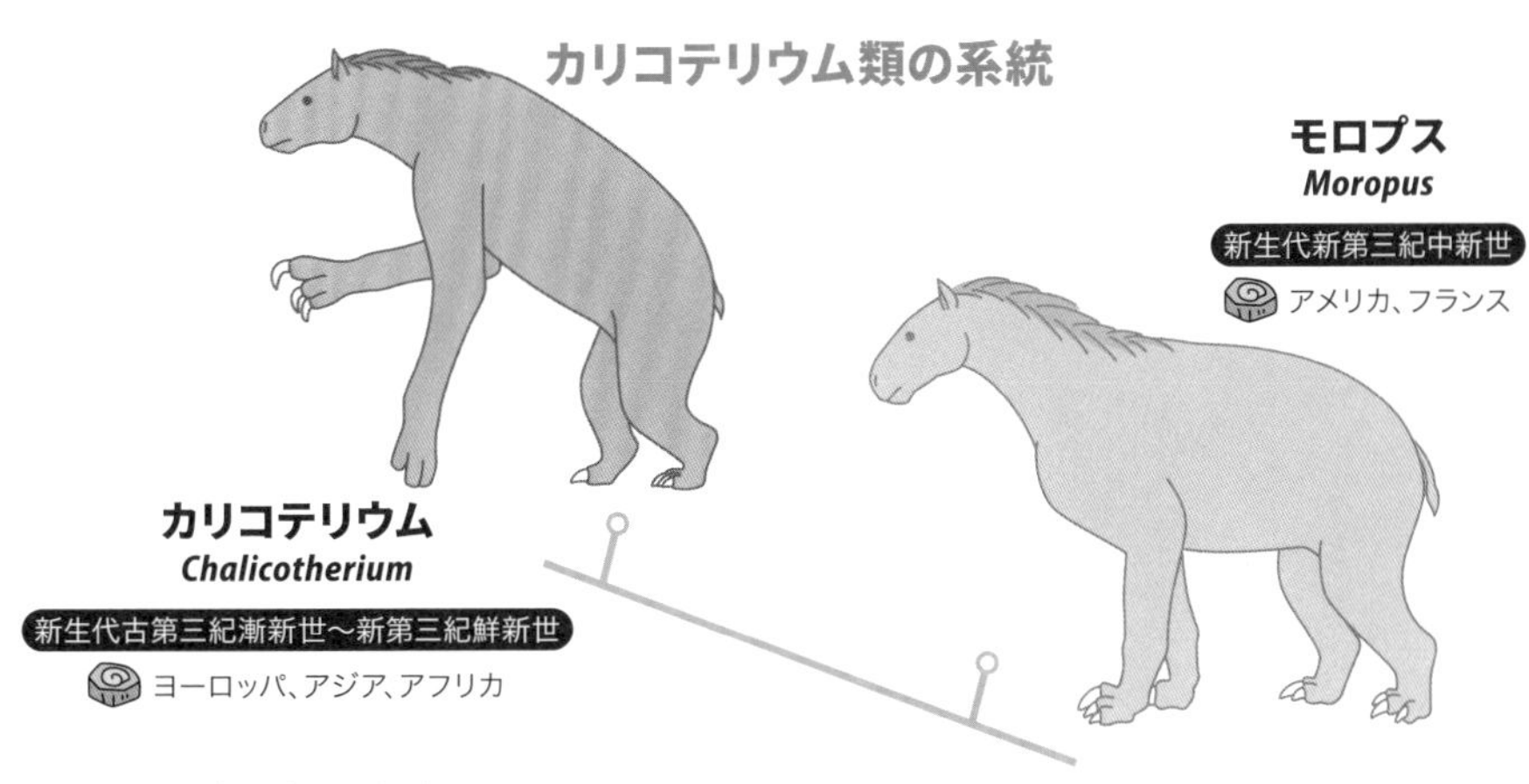

Fahlke et al.（2013）を参考に作図

奇蹄類全体に共通する大切な特徴は、それぞれの足の第3指（中指）が体重を支えているということだ。4本の指があっても、体重は第3指にかかる。これこそがすべての奇蹄類に共通する特徴なのである。

「蹄」じゃなく「鉤爪」だけど……

現生の奇蹄類は、3つのグループ（科）だけで構成されている。

しかし古生物の奇蹄類を含めると、このグループは17（科）にまでいっきに膨れ上がる。つまり、奇蹄類は現在の地球で生きるものたちよりも、滅んでいったものたちの方が多様性は高いのだ。

そんな絶滅奇蹄類の一つに「カリコテリウム類」がある。

カリコテリウム類は奇蹄類の〝変わり者〟だ。なにしろ、奇蹄類なのに、前足は「蹄」ではなく「鉤爪（かぎづめ）」になっていた。

カリコテリウム類の代表的な存在が「モロプス」と「カリコテリウム」である。

この2種類のうち、モロプスの方が原始的とされる。モロプスは肩高1・8メートルで、その肩の高さよりも腰が少し低い。

より進化的とされるカリコテリウムは肩高が1・8メートルで、腰の高さは肩よりもずっと低い。つまり、カリコテリウムはかなり長い前脚をもっていたのである。

ウマ類と同じ奇蹄類でありながらも、ウマとは似つかない風貌の持ち主がかつて存在していたのだ。

クジラ類
Cetacea

海が好き！

最初は、陸に暮らしていました

現在の海で、海棲哺乳類の代表格といえば「クジラ類」だろう。「史上最大の動物」である「シロナガスクジラ（*Balaenoptera musculus*）」から、水族館で人気者の「ハンドウイルカ（*Tursiops truncatus*）」まで、その多様性は、実に90種に及んでいる。

そんなクジラ類の祖先は、実は陸棲種だった。知られている限り最も古いクジラ類の名前を「パキケトゥス」という。

パキケトゥスは頭胴長1メートルほどの四足動物で、偶蹄類の「カバ（*Hippopotamus amphibius*）」に近縁とされる。

しかし、その見た目はカバとは程遠く、ほっそりとしていて吻部も細長い。一見すると、顔の細いオオカミの仲間に見えなくもない。

ただし、オオカミの仲間と比べると、眼の位置が決定的にちがっていた。パキケトゥスの眼は、鼻梁に近い高い位置にあったのだ。また、その耳の構造は、現生のクジラ類とよく似ていたことが指摘されている。

パキケトゥスは、約４６００万年

パキケトゥス
アンブロケトゥス
ドルドン

前、新生代古第三紀始新世（ししんせい）のパキスタン・インド国境付近に暮らしていた。半陸半水の生態だったと考えられている。

水辺、そして海へ

パキケトゥスの登場から100万年ほど経過して「アンブロケトゥス」が登場した。四肢がはっきりと確認できるクジラ類である。

全長3・5メートルに達するこの動物は、半陸半水棲か、もしくは完全な水棲だったとみられている。直接の確認はなされていないものの、手足には水かきがあった可能性も指摘されている。

アンブロケトゥスの登場から900万年ほど経過したころ、のちに地中海と呼ばれる海を中心に泳ぎ回っていたクジラ類がいた。

その名前は「ドルドン」。全長5メートルほどのこのクジラ類の四肢を見ると、前脚は完全にヒレ状で、後ろ脚はかなり小さくなっていた。

ドルドンは完全な水棲である。パキケトゥスの登場から1000万年ほどで、クジラ類は完全なる海棲適応を遂げたのだ。

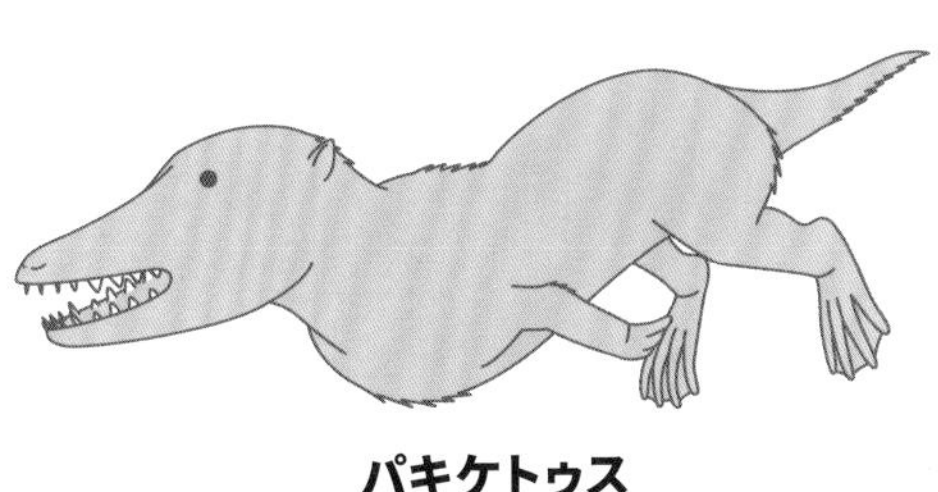

パキケトゥス
Pakicetus
新生代古第三紀始新世

パキスタン

アンブロケトゥス
Ambulocetus
新生代古第三紀始新世
パキスタン

ドルドン
Dorudon
新生代古第三紀始新世

アメリカ、ヨーロッパ、アフリカなど

ハクジラ類
Odontoceti

"デッパリ"こそが大事

ドルドン
コティロカラ

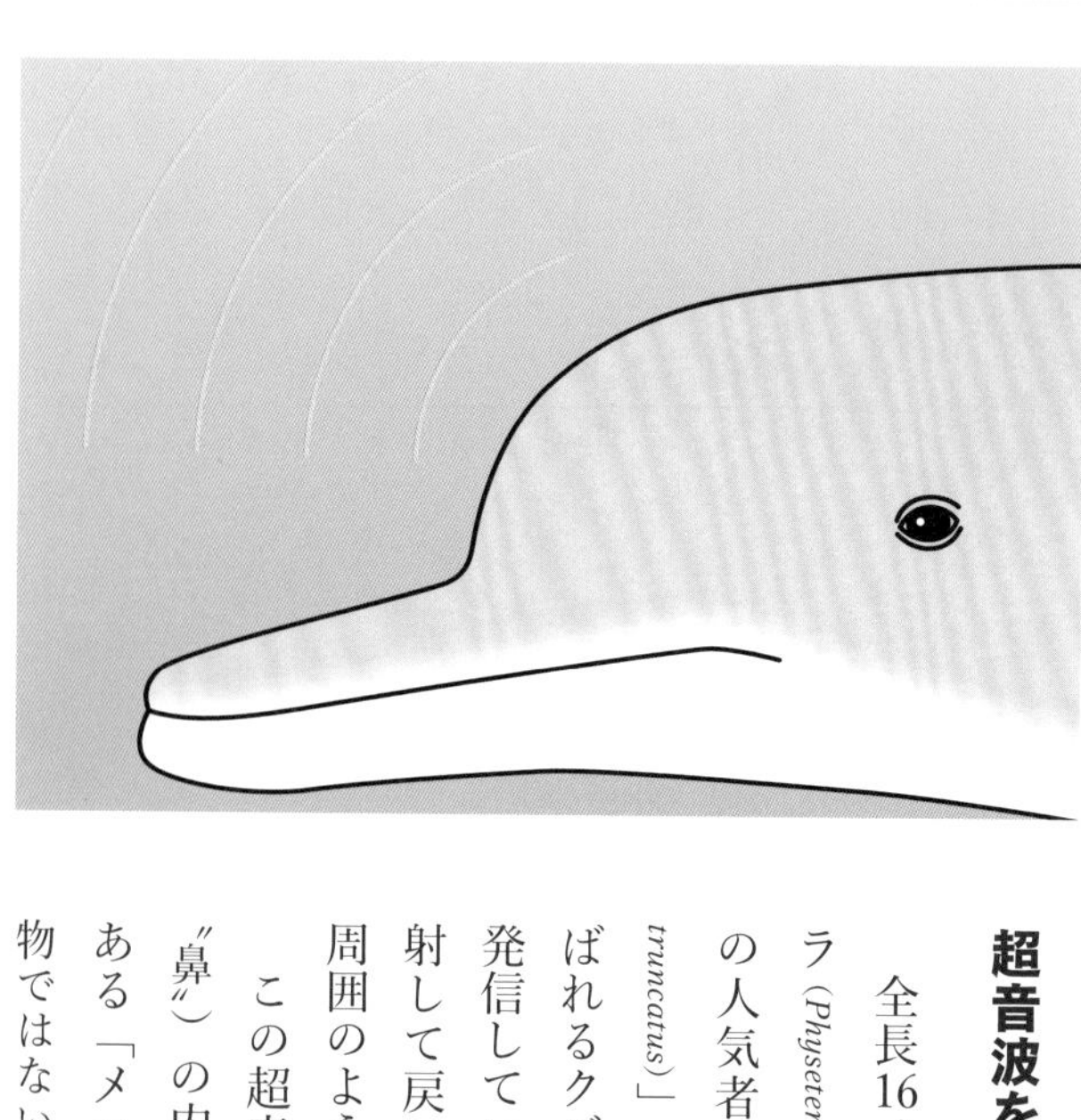

超音波を使ってます

全長16メートルの「マッコウクジラ（*Physeter macrocephalus*）」から、水族館の人気者「ハンドウイルカ（*Tursiops truncatus*）」まで、「ハクジラ類」と呼ばれるクジラたちは、自ら超音波を発信している。そして、対象から反射して戻ってきた超音波をとらえ、周囲のようすを探る。

この超音波は、噴気孔（クジラの"鼻"）の内部でつくられ、その前にある「メロン」という脂肪の塊（果物ではない）で集束されて前方へ発信される。

このメロンがあるため、ハクジラ類の額は大きく突出しているという特徴がある。

ハクジラ類の超音波は、見通しの効かない水中で遠方を探ることができるというとても便利なものだ。しかし、クジラ類の進化の最初から、この便利な能力があったわけではないらしい。

頭骨は、口ほどに語る

新生代古第三紀始新世の終盤に出現した「ドルドン」は、全長5・5

メートルほどの〝原始的なクジラ類〟の中では進化的な種類だけれども（なんとも妙な表現だが）、どうやら超音波を使うことはできなかったらしい。頭骨を見ると平坦で、メロンが配置されるスペースが確認できないのだ。

メロンを持っていた可能性が〝極めて高い〟と考えられている最も古いクジラ類は、始新世の次の時代である漸新世の半ばごろに出現した。その名前を「コティロカラ」という。

コティロカラは全長値こそ不明だけれど（おそらく3メートル強と見積もられている）、頭骨にはしっかりとメロンが入るスペースがあった。

メロンを備えたハクジラ類はその後多いに繁栄し、現在ではクジラ類全90種のうち8割強をハクジラ類が占めている。

ドルドン
Dorudon
新生代古第三紀始新世
アメリカ、ヨーロッパ、アフリカなど

コティロカラ
Cotylocara
新生代古第三紀漸新世
アメリカ

ヒゲクジラ類(るい)
Mysticeti

ヒゲを選びました

コロノドン
エティオケタス・ポリデンタトゥス
エティオケタス・ウェルトニ
マイアバラエナ

ヒゲがあるからヒゲクジラ?

現生のクジラ類は、「ハクジラ類」と「ヒゲクジラ類」に2分される。このうちのヒゲクジラ類は、文字通り「ヒゲ」をもつクジラであり、そのヒゲでプランクトンなどを捕らえて食べる。「ナガスクジラ(*Balaenoptera physalus*)」などが、その代表だろう。

歯のあるヒゲのないヒゲクジラ

ヒゲクジラ類の進化は、新生代古第三紀漸新世(ぜんしんせい)にいっきに進んだ。

初期のころに登場した「コロノドン」は、ヒゲクジラ類の系譜にありながらも、ヒゲをもたず、歯をもっていた。クジラ類の祖先と目される種はいずれもヒゲがなく、歯をもっていたので、その意味では祖先の特徴が、コロノドンにはまだ色濃く残っていたといえる。

歯とヒゲのあるヒゲクジラ?

コロノドンの次のステップは、ほぼ同時期に生きていた「エティオケタス」に見ることができる。

「エティオケタス」の名前をもつ種はいくつか報告されており、「エティ

ヒゲクジラ類の系統

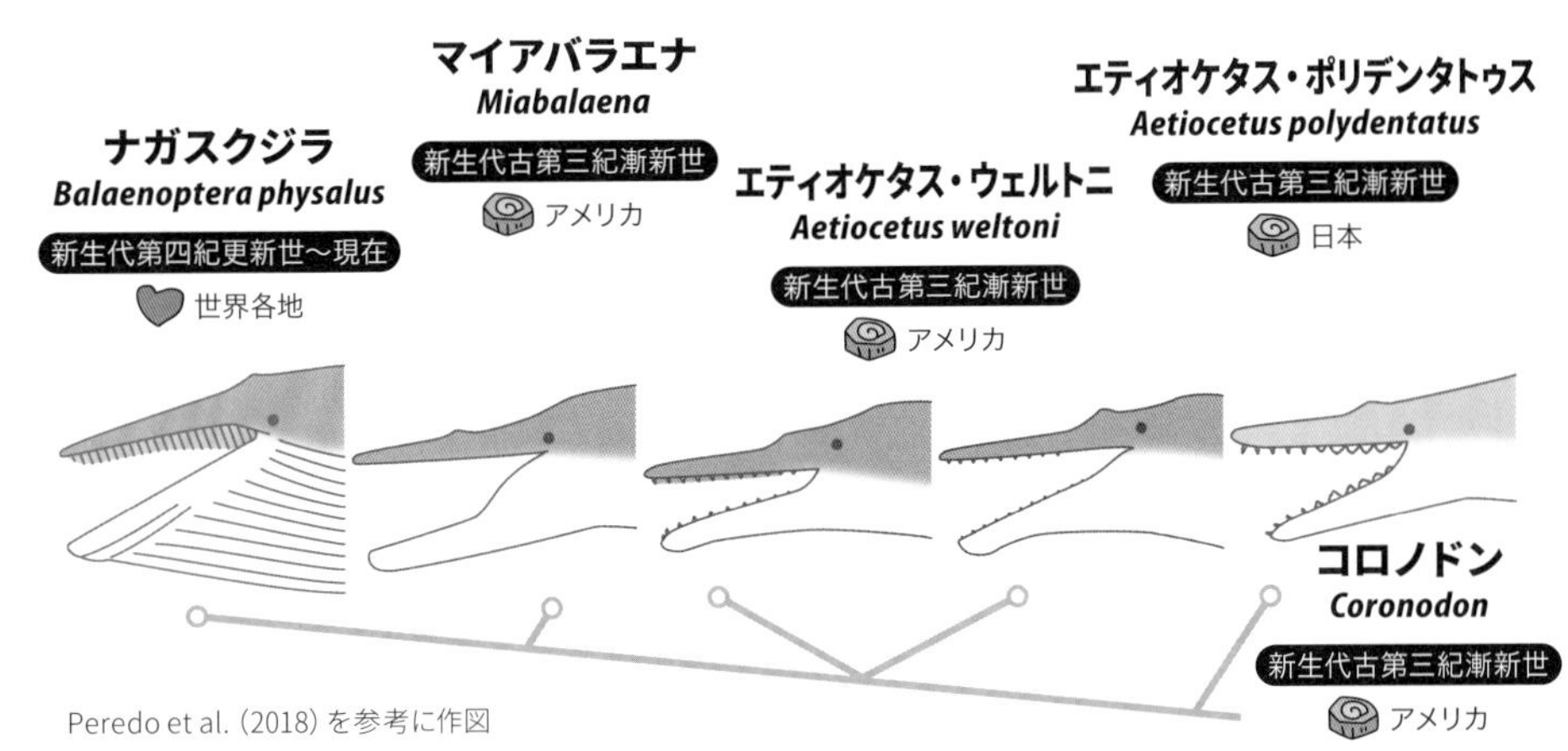

Peredo et al. (2018) を参考に作図

オケタス・ウェルトニ」は歯とヒゲの両方があったとの指摘がある。ただし、化石からヒゲそのものが確認されているわけではなく、ヒゲの存在はあくまでも推定だ。

一方、同じエティオケタスであっても、「エティオケタス・ポリデンタトゥス」にはヒゲがなかったとみられている。

歯とヒゲのないヒゲクジラ

エティオケタスの次に位置づけられているクジラ類が、「マイアバラエナ」だ。マイアバラエナの口には、歯もなければ、ヒゲもなかった。獲物を吸い込んで丸呑みしていたと考えられている。

その後、新生代新第三紀中新世になって、ヒゲクジラ類の本格登場となった。

ヒゲクジラ類の進化史において、歯は一度消失し、その後にヒゲが誕生したのか、それとも、歯とヒゲが混在する時期があったのかは、今後の研究次第といったところだ。

ヒゲクジラ類への進化が進んだ漸新世という時代は、とくに南極大陸周辺に大量のプランクトンが生じたことで知られている。当時、オーストラリア大陸と南極大陸が分裂し、それにともなって生まれた海流が海底の有機物を巻き上げて、プランクトンに大量の餌を供給していたらしい。

プランクトンを主食とするヒゲクジラ類の進化の背景には、地球規模の大陸移動が関わっていたというわけである。

カンガルー類&ナマケモノ類
Macropodidae & Folivora

昔の仲間は大きかった②

プロコプトドン
メガテリウム

大きすぎて跳ねることができない

「カンガルー」といえば、強靭な長い後ろ脚を使って「跳ねて移動」する哺乳類だ。代表種である「アカカンガルー（*Macropus rufus*）」の大きさは、頭胴長140センチメートル、体重は85キログラムほど。

現生のカンガルーでとくに大きなカンガルーは、その名を「オオカンガルー（*Macropus giganteus*）」という。こちらは頭胴長230センチメートル。体重はアカカンガルーよりも少し軽く66キログラムほど。日本人の成人男性並みの体重である。この大きさでも、「跳ねて移動」する。

そんなカンガルーの仲間には、かつて、身長3メートル、体重240キログラムという超大型種がいた。その名は「プロコプトドン」。新生代第四紀更新世に生きていた。

あまりにも大きくて（重くて）「跳ねて移動」することはできなかったとみられている。

大きすぎて木登りができない

大型の近縁種がいたグループは他にもある。

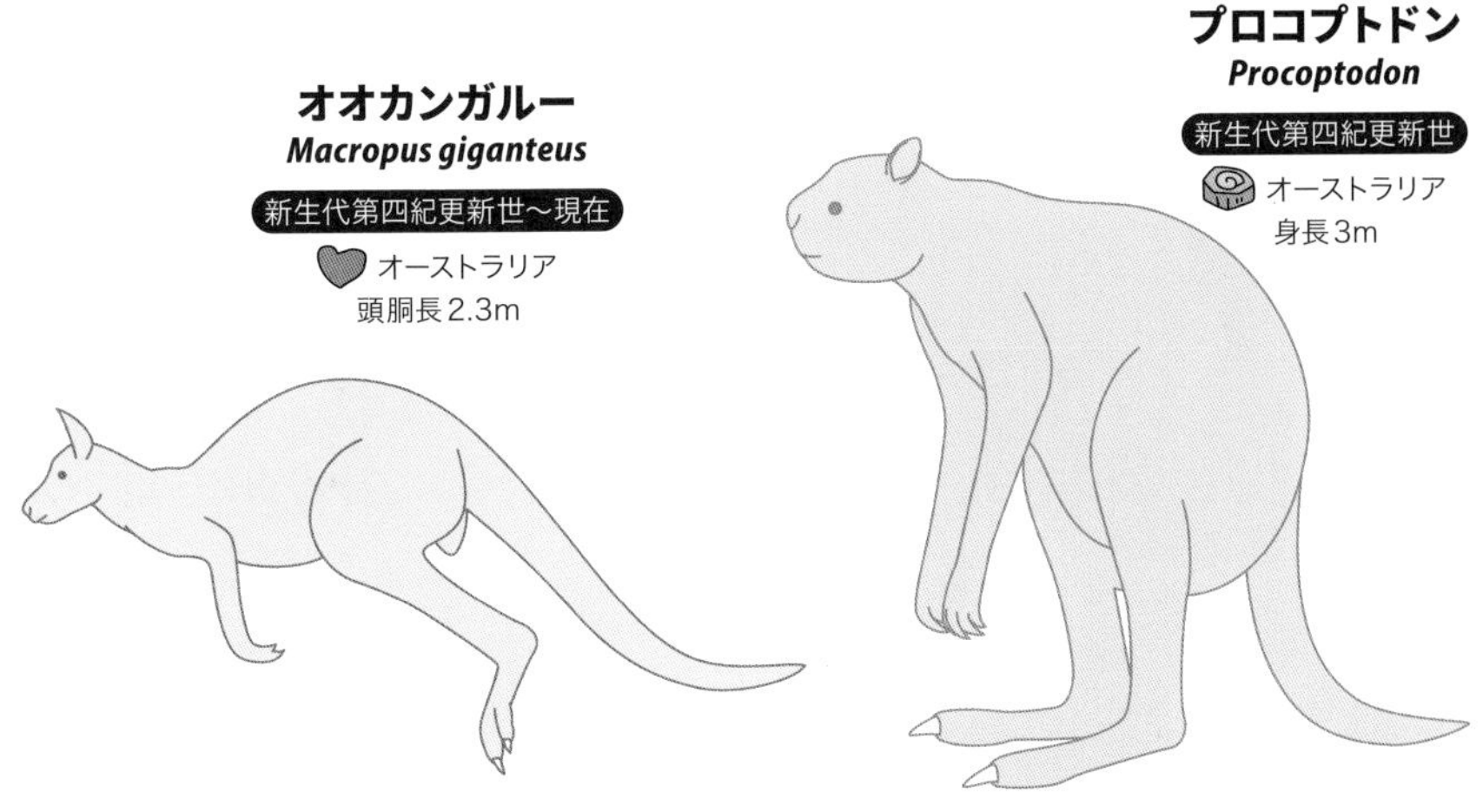

「ノドチャミユビナマケモノ（Bradypus variegatus）」に代表されるナマケモノの仲間だ。ノドチャミユビナマケモノの大きさは、全長80センチメートル前後、体重は5・5キログラムほど。長い手足を使い、軽量のからだで枝にぶら下がって日々過ごす。

一方、更新世の南アメリカ大陸には、大型種の「メガテリウム」がいた。がっしりとしたからだつきのこのナマケモノは、全長6メートル、体重は6トンに達したとみられている。「オオナマケモノ」とも呼ばれる所以である。

もちろん、重すぎて樹の枝にぶらさがることは、できなかったようだ。……大きすぎるのも考えものかもしれない。

ノドチャミユビナマケモノ
Bradypus variegatus
新生代第四紀更新世〜現在
中米、南米
全長80cm

メガテリウム
Megatherium
新生代新第三紀鮮新世〜第四紀更新世
南米
全長6m

忘れないで。こんな仲間がいたことを……

フルイタフォッサー
ヴォラティコテリウム
カストカウダ
レペノマムス

掘る仲間

一般に「恐竜時代」と呼ばれる中生代は、実は哺乳類にとっても〝最初の多様化の時代〟だった。中生代最初の時代である三畳紀に登場した哺乳類は、ジュラ紀、白亜紀と時代を経るとともにしだいに種の数を増やしていったのだ。

そうした哺乳類の中に、さまざまな生態をもつものたちが出現した。たとえば、ジュラ紀後期のアメリカに登場した「フルイタフォッサー」がそれだ。

フルイタフォッサーは、「フルイタフォッソル」とも呼ばれる。頭胴長6~7センチメートルと、ヒトの掌サイズの哺乳類だ。

フルイタフォッサーの特徴として、「歯」と「前脚」を挙げることができる。

フルイタフォッサーの歯は、エナメル質のない杭のような形をしていた。そして、歯根がなかった。

また、フルイタフォッサーの前脚には、その可愛らしい姿には不釣り合いなほど鋭い爪が発達していた。

こうした特徴は、現生のツチブタ

(*Orycteropus afer*)と共通する。ツチブタは、鋭い爪でアリ塚などを崩し、長い舌でアリを食べる。

フルイタフォッサーに長い舌があったかどうかは定かではないけれども、フルイタフォッサーも鋭い爪で土を掘ったり、アリ塚などを崩したりすることで、アリを食べていたのではないか、とみられている。

飛ぶ仲間

ジュラ紀の空を見上げると、そこには翼竜類と鳥類と……そして、哺乳類もいた。

内モンゴル自治区から化石が発見されている飛行性の哺乳類。その名前を「ヴォラティコテリウム」という。全長12～14センチメートルほどの、こちらも小型の哺乳類だ。

ヴォラティコテリウムの特徴は、大きな〝飛膜〟だ。まるでアメリカモモンガ(*Glaucomys volans*)のような姿をしており、アメリカモモンガのように、樹木から樹木へと滑空して、昆虫を捕まえ、食べていたとみられている。

泳ぐ仲間

空を飛ぶ哺乳類がいれば、水中を泳ぐ哺乳類もいた。

ヴォラティコテリウムと同じジュラ紀の内モンゴル自治区にいた全長45センチメートルほどの「カストカウダ」は、板のような平たい尾をもっていたことで知られている。

まるで、現在のユーラシア各地の河川域に暮らすヨーロッパビーバー(*Castor fiber*)のような姿である。この平たい尾を使って、沼や池、河川などを泳いでいた。歯の形から、ヴォラティコテリウムの主食は魚だったとみられている。

食べる仲間

一般に、「中生代の哺乳類」といえば、小型種で恐竜たちの良き獲物だったとみられている。

しかし、当時の哺乳類の中には、恐竜類を襲っていたものも確認されている。

白亜紀の中国にいた「レペノマムス」は、2種が報告されている。このうち、大型種は頭胴長80センチメートルに達した。現代日本で見ることのできる盲導犬のラブラドール・レトリバー並みのサイズである。

そして、がっしりとした顎をもち、鋭い歯も備えていた。

明らかな肉食性である。

なかなかの強者（ツワモノ）である。

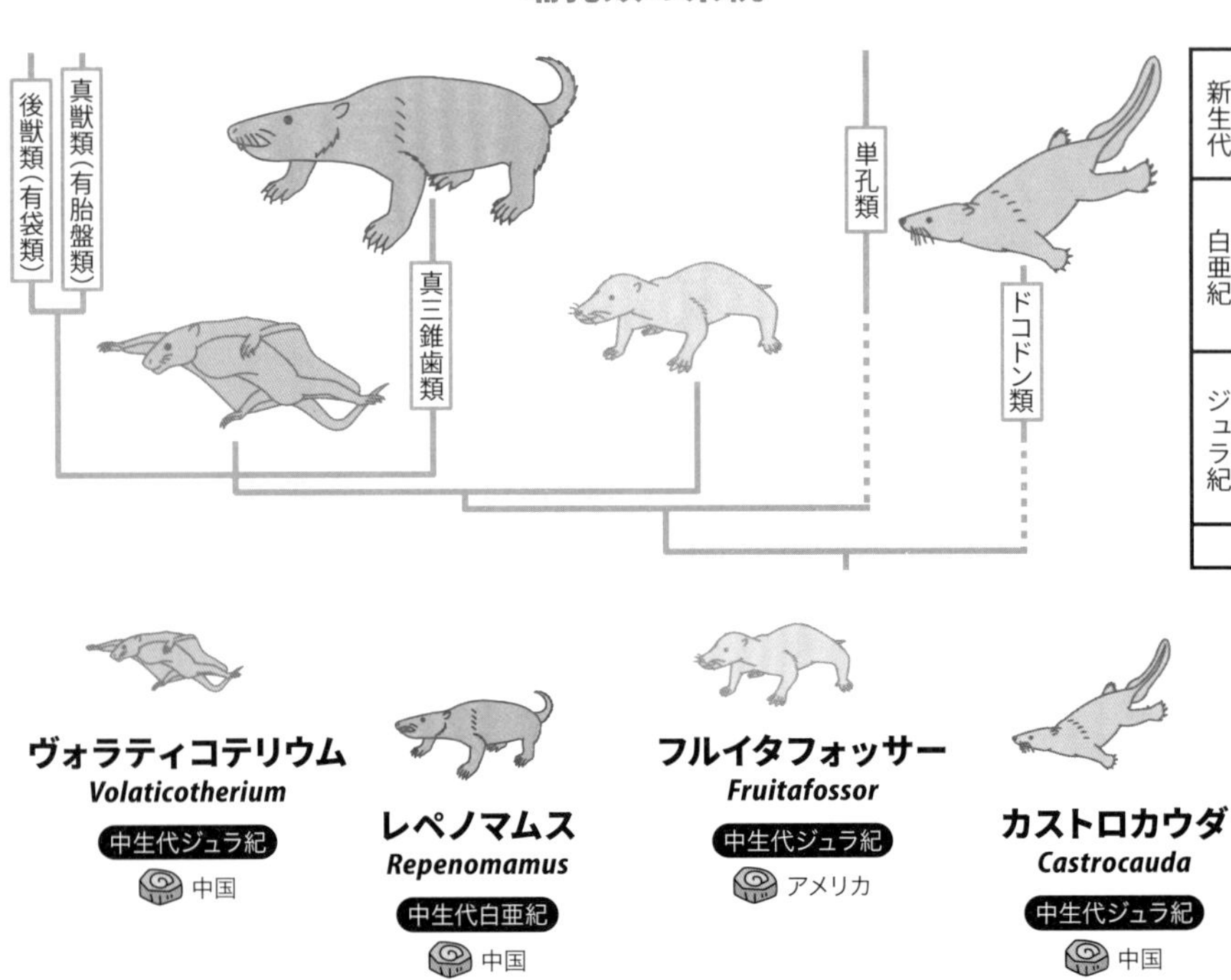

Luo (2007) を参考に作図

2種のうちの小型種の化石には、胃の内容物として植物食恐竜の幼体が確認されている。胴体を切断し、そのまま丸呑みにしていたらしい。

小型種でさえ、レペノマムスは、恐竜類を襲っていたのだ。大型種が恐竜類を、……ひょっとしたら幼体ではなくもっと大きな個体を、襲っていたことは想像に難くない。

そして、みんないなくなった

ここで紹介した中生代の哺乳類は、いずれも現生の哺乳類とは祖先・子孫の関係にない。

カストロカウダは「ドコドン類」、レペノマムスは「真三錐歯類」に分類され、フルイタフォッサーとヴォラティコテリウムは真三錐歯類に近縁とされる。

これらのグループは、すべて姿を消した。現在まで生き残る哺乳類は、カモノハシ(*Ornithorhynchus anatinus*)などが属している「単孔類」と、私たちが属している「真獣類(有胎盤類)」、オーストラリアカンガルーの仲間などに

単弓類の系統

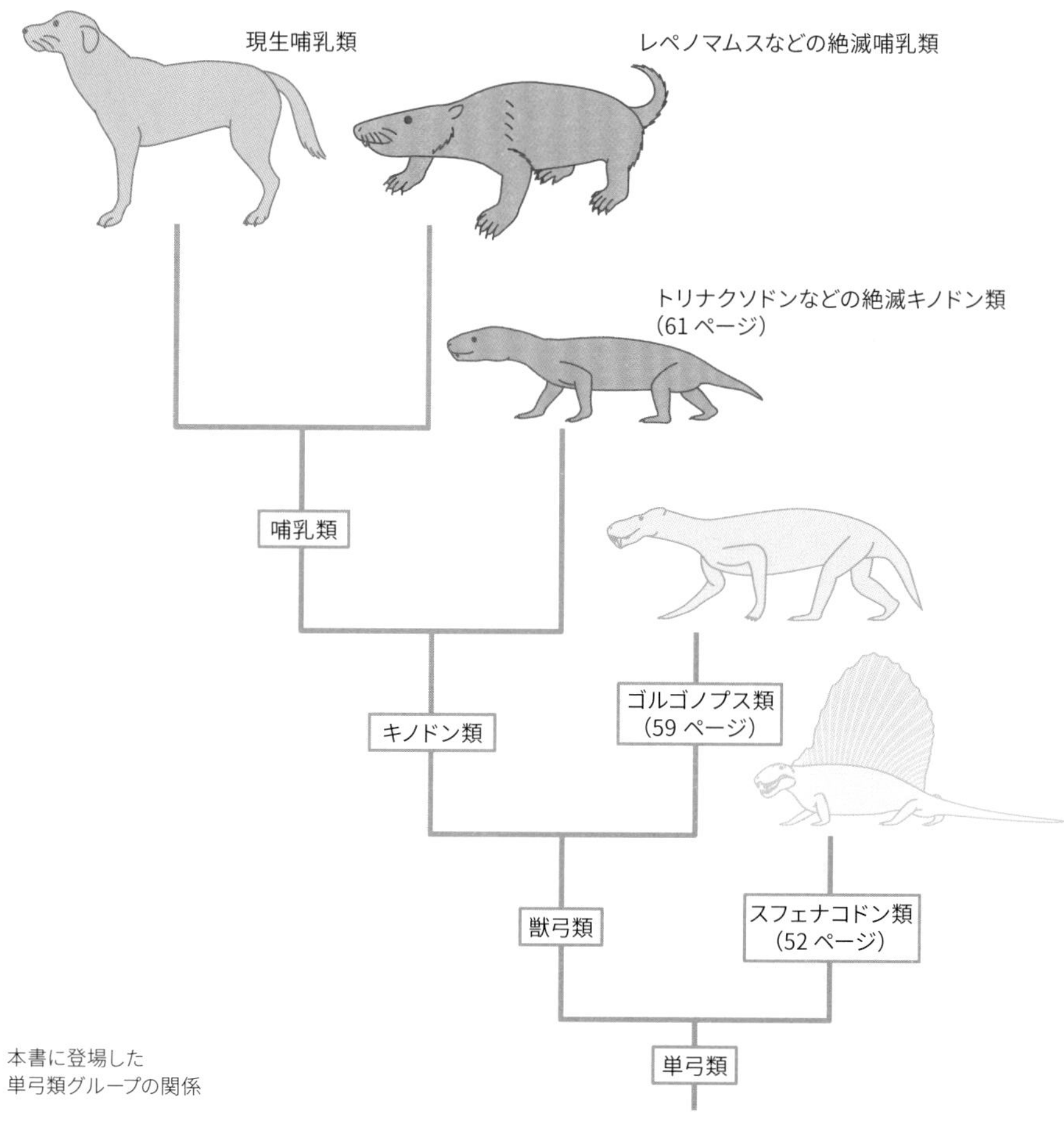

本書に登場した
単弓類グループの関係

代表される「後獣類（有袋類）」の3グループだけである。

中生代に多様化した哺乳類の多くのグループは、白亜紀末の大量絶滅事件を乗り越えることができなかったか、あるいは、乗り越えてもほどなく絶滅したのである。

なお、生き残った哺乳類が〝進化的〟とは限らない。たとえば、単孔類は、カストロカウダの属するドコドン類よりは進化的だけれども、レペノマムスの属する真三錐歯類や、フルイタフォッサーやヴォラティコテリウムよりは原始的とされている。

哺乳類における絶滅と生存。運命を分けた条件はわかっていない。

スフェナコドン類
Sphenacodontidae

ペルム紀単弓類の〝英雄〟へ

ハプトダス
セコドントサウルス
ディメトロドン

かつての「哺乳類型爬虫類」

「単弓類」という脊椎動物のグループがある。世代によっては聞き慣れないグループ名かもしれない。しかし、実はこのグループには私たち「哺乳類」が含まれる。

現在の地球に生息している単弓類は、哺乳類だけだ。しかしかつてはちがっていた。かつての地球には哺乳類ではない単弓類も数多く生息していた。

つまり、「単弓類」は、哺乳類とその近縁の絶滅グループからなる分類群なのだ。

そんな「哺乳類ではない単弓類」の一つが、古生代ペルム紀にとくに栄えた「盤竜類」である。現在の学界では「盤竜類」という分類群は使われない傾向にあるけれども、一般書ではまだ便利な分類群として使われることが多い。本書でも、この慣例に倣うことにする。

盤竜類には、かつて「哺乳類型爬虫類」と呼ばれた動物たちが多く含まれている。たとえば、背中に帆をもつ肉食動物「ディメトロドン」などがそれだ。

ただし、現在では「哺乳類型爬虫類」という用語は用いられていない。誤解を招くからだ。

かつて、脊椎動物の進化は、次のように展開してきたものと考えられていた。

すなわち、魚類が最初に登場し、魚類から両生類が生まれ、両生類から爬虫類が進化し、そして爬虫類から哺乳類と鳥類が登場した。

現在では哺乳類は爬虫類から進化したものではない、と考えられている。両生類から単弓類が進化し、その単弓類の中の1グループとして、哺乳類は生まれたのだ。

かつて用いられていた「哺乳類型爬虫類」という単語は、「爬虫類から哺乳類が進化した」ということを前提として、その両方の特徴をもった動物群ということを示唆していた。

しかし、実際には爬虫類と哺乳類は〝系譜〟として連続していないし、そもそも盤竜類たちは、同じ単弓類という意味では哺乳類に近縁なので、哺乳類型「爬虫類」という用語は不適といえる。

長い尾の初期種

用語の話が長くなってしまった。

さて、原始的な単弓類である盤竜類の中で、とくにペルム紀前半の陸上生態系に君臨していたとされるのが「スフェナコドン類」と呼ばれるグループである。前述のディメトロドンに代表される一群だ。

このグループは、古生代石炭紀に登場した。グループの共通祖先に最も近い存在とされるのは、アメリカやドイツなどから化石が発見されている「ハプトダス」である。

ハプトダスは全長60センチメートルほどで、その半分を長い尾が占めていた。頭部の形は上から見ると三角形に近く、口には大小の鋭い歯が並んでいた。なお、ハプトダスそのものは、スフェナコドン類の共通祖先に近いとみられているものの、スフェナコドン類に含むかどうかは意見が分かれている。

君臨、そして、絶滅す

ペルム紀になって登場したスフェナコドン類の一つとして、アメリカから化石が発見されている「セコドントサウルス」を挙げておこう。

セコドントサウルスは部分化石しか発見されていないものの、その頭部はとても細長かったことで知られる。ある個体の頭部は、長さ20センチメートルに対して、幅が5センチ

スフェナコドン類の系統

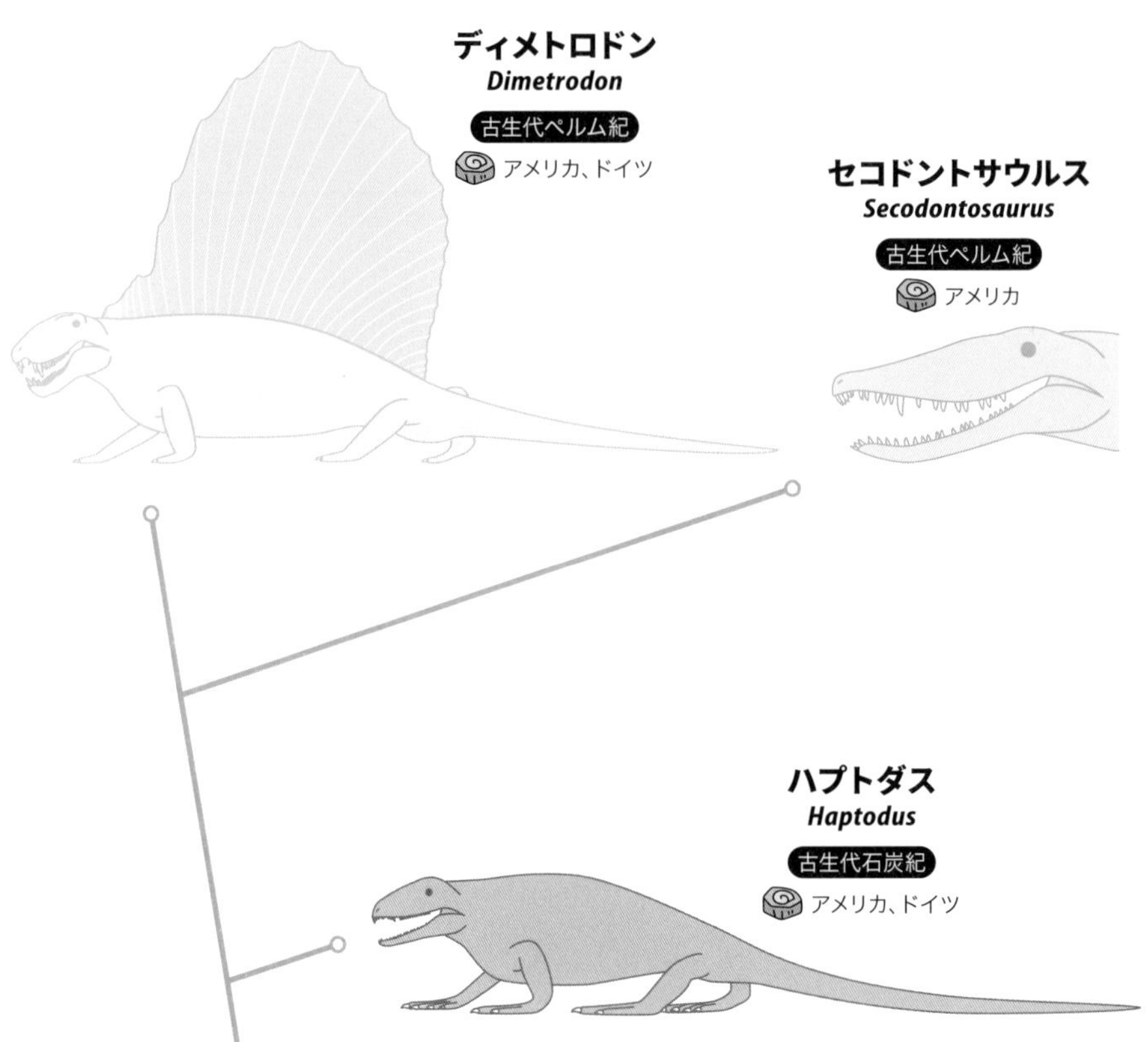

Benson (2012) を参考に作図

メートルしかなかった。そして、歯は円錐形だった。

この細長い頭部と歯は、水中を泳ぐ魚を採ることに役立ったとみられている。そのため、セコドントサウルスの生態は半陸半水棲だったのではないか、とみられている。

ディメトロドンはスフェナコドン類の代表的な存在で、その全長は3・3メートルに達した。セコドントサウルスとほぼ同時代に生息し、化石はアメリカとドイツから発見されている。

大きな帆がディメトロドンの最大の特徴だ。加えて、がっしりとした顎に並ぶ大小の歯ももっていた。この顎と歯を生かし、ディメトロドンは、当時の生態系に君臨していたとみられている。

ディメトロドン
Dimetrodon

実は少しちがうんです

最初は小さかった覇者

ペルム紀前半の地上世界で、その生態系の頂点に君臨した「ディメトロドン」。

ただし、一口に「ディメトロドン」といっても、その名（属名）をもつ種は複数報告されており、それぞれちがいがあったことがわかっている。

ディメトロドン属の初期の種を代表するのは、「ディメトロドン・ミレリ」だ。その全長は1・6メートルほどと最も小型で、ディメトロドン属のトレードマークといえる帆も、最高部分で39センチメートルほどしかなかった。

また、歯のつくりはとてもシンプルで、その表面はほぼ滑らかだ。そして、「鞏膜輪（きょうまくりん）」という眼の骨の分析からは、夜行性であった可能性が指摘されている。

体温調整機能を確認

ディメトロドン・ミレリの500万年ほどのちに登場した「ディメトロドン・リムバトゥス」の姿は、ミレリとよく似ている。ただし、その全長は2・7メートルを超え、帆の

ディメトロドン・ミレリ
ディメトロドン・リムバトゥス
ディメトロドン・グランディス

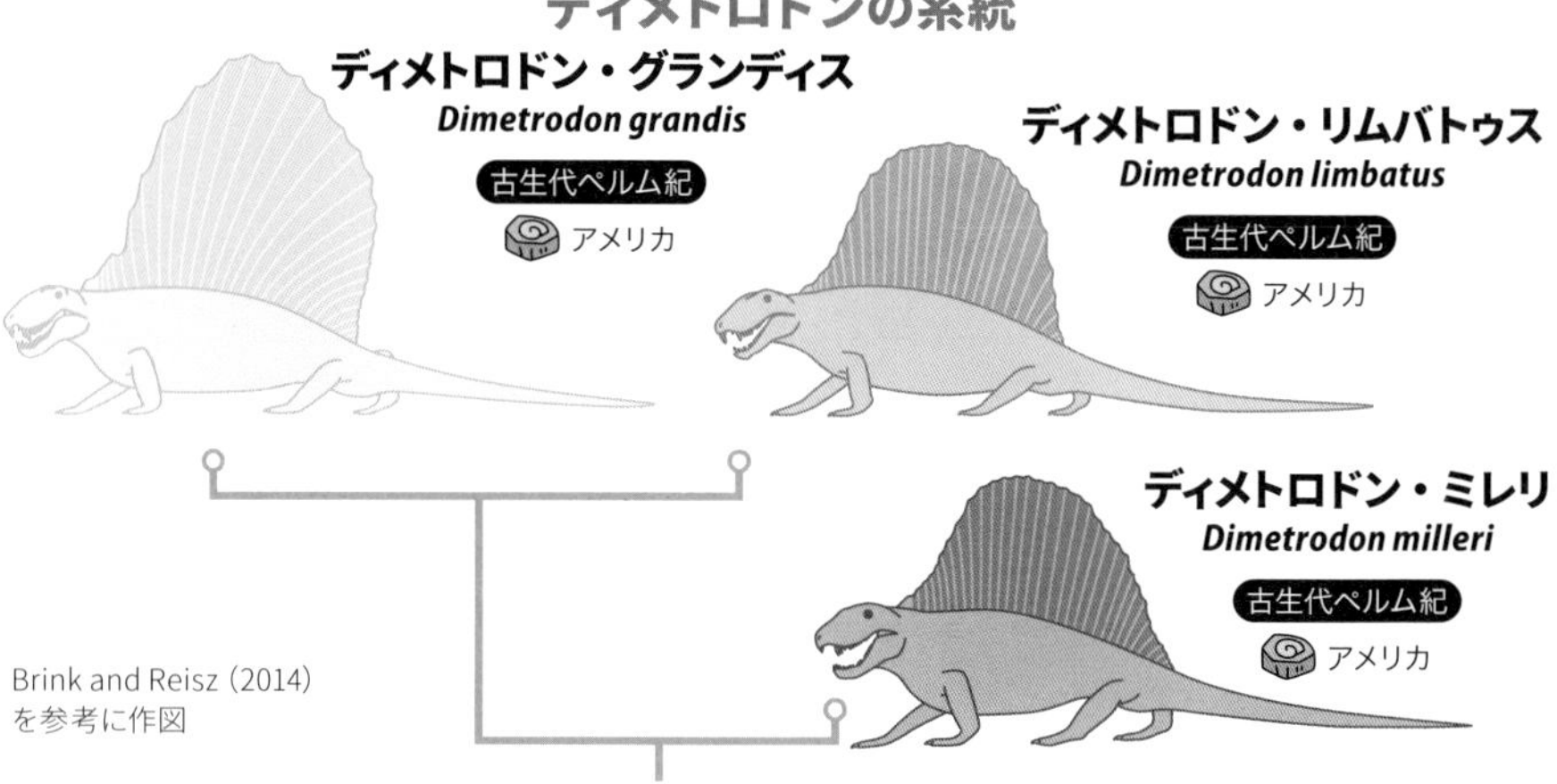

高さも60センチメートル以上だった。ミレリよりかなりでかい。

ディメトロドン・リムバトゥスの歯には、〝エナメル質のコーティング〟が確認できるほか、その縁には弱いながらも細かな凹凸が確認されている。この細かな凹凸は「鋸歯（きょし）」と呼ばれるもので、肉を切り裂くときに役立つ構造だ。のちの時代の多くの肉食動物に見ることができる特徴である。

また、リムバトゥスの場合、帆をつくる骨の内部に血管の痕跡が確認されている。そのため、帆を日光や風に当てることで、体温調整が可能だったとされる。これにより、周囲の動物がまだ本格的な活動をしていない早朝などの時間帯であっても、狩りをすることができた。

優れた捕食者へ

ディメトロドン・リムバトゥスより1100万年ののちに出現した「ディメトロドン・グランディス」は、全長3・2メートルを超え、帆の高さは120センチメートルに迫っていた。ディメトロドン・ミレリと比較すると全長で約2倍、高さで約3倍の巨体だ。

歯には明瞭な鋸歯が発達し、リムバトゥスよりもさらに優れた〝肉食仕様〟だったことがわかる。

〝順調に大型化〟し、〝捕食者としての強化〟を遂げていったディメトロドン。しかし、彼らはペルム紀後半になると姿を消すことになる。

かわりに、台頭してきたグループを「ゴルゴノプス類」という。

カセア類
Caseidae

“樽”への進化

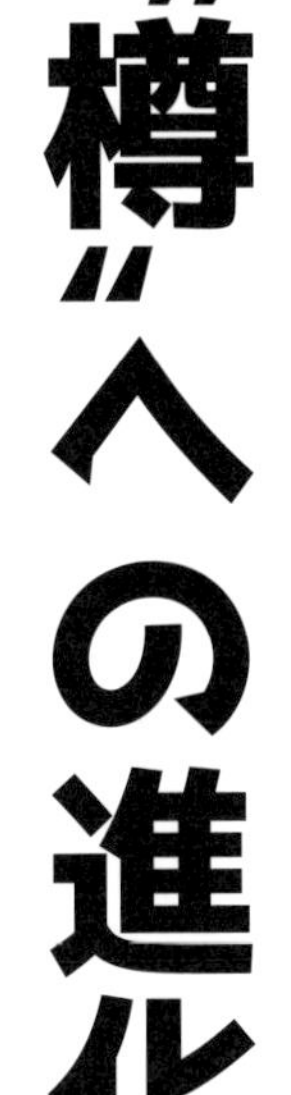

初期は普通でした？

ペルム紀前期に栄えた盤竜類の多様性は、実に豊かだ。スフェナコドン類のように帆を発達させたグループもあれば、まるで樽のようなでっぷりとした胴体を発達させたグループもあった。

アメリカから化石が発見されている「カセア類」が、樽である。

初期のカセア類の一つが、「オエダレオプス」だ。未発見部位が多いけれども、頭胴長はおそらく25センチメートル前後とされ、どことなくトカゲに似た風貌で復元されることが多い。オエダレオプスの時点では、「樽っぽさ」はまったく感じられない。

でっぷり化の前兆？

オエダレオプスから数百万年後に出現した「カセア」ともなると、トカゲとはかなり異なる印象をもつ。全長は1・2メートルになり、胴部がでっぷりと膨らんでいた。頭部が小さいので、胴部のでっぷり感（樽っぽさ）がより強調されて見える。

オエダレオプス
カセア
コティロリンクス

カセア類の系統

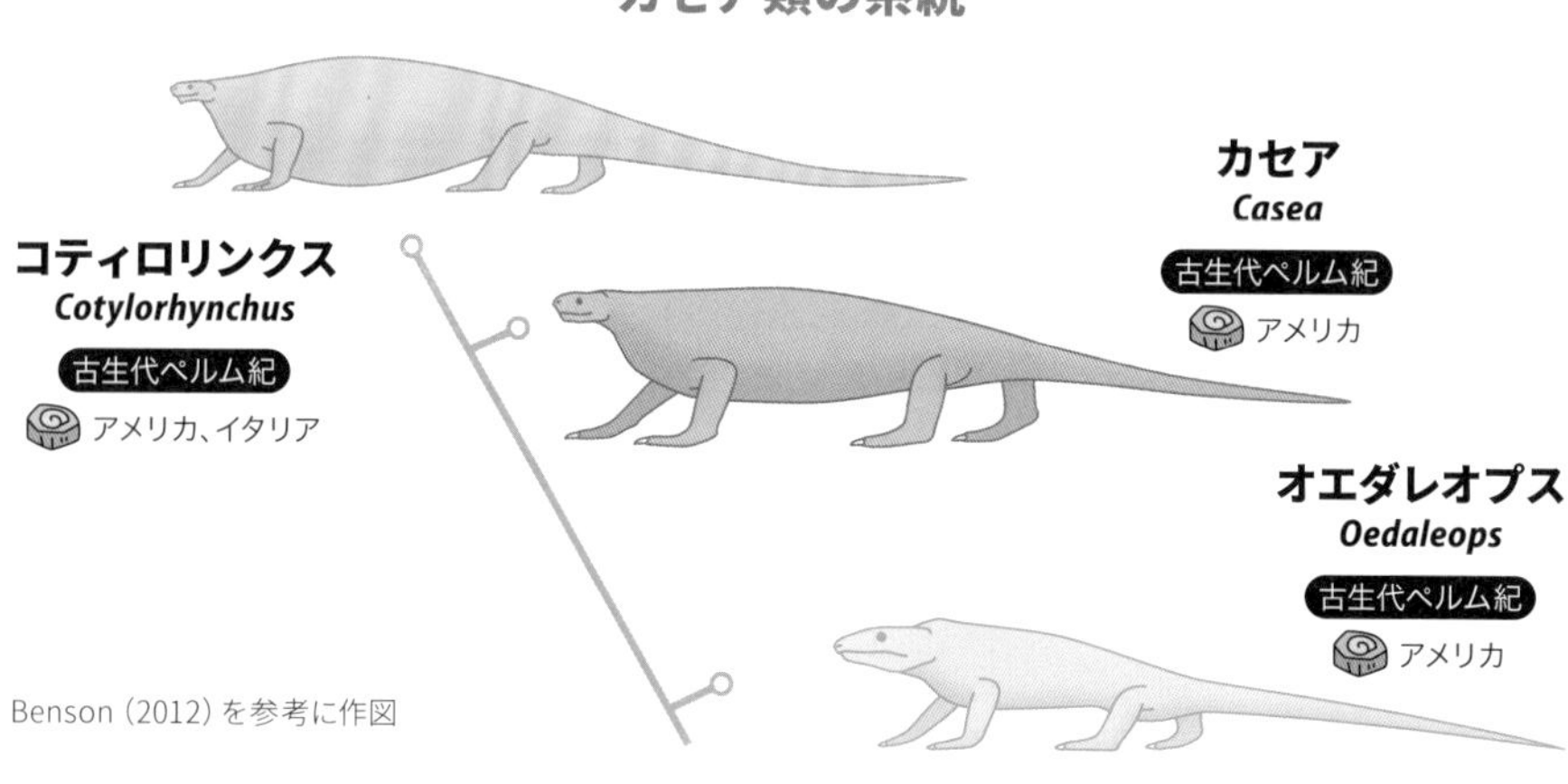

Benson (2012) を参考に作図

水を飲むのもひと苦労？

カセア類の進化の系譜において、カセアよりも進化型とされる存在が「コティロリンクス」である。

全長はいっきに大きくなって、実に3・5メートル以上となっていた。胴体の樽っぽさはさらに磨きがかかり、大きく膨らんでいる。

一方で、頭部のサイズは長さ20センチメートルほどしかなく、胴体の放つ圧倒的な存在感にすっかり負けている。

もっとも、あまりにも大きな樽……もとい、胴体故に、不思議とされている点がある。

彼らはどうやって、水を飲んだのか、という謎だ。

なにしろ、胴があまりにもでっぷりとしていて、いかに前脚を折り畳んでも、顔（口）が地面（正しくは、川などの水面）まで届かない（あるいは、届きにくい）のだ。

２０１６年に発表された研究では、コティロリンクスの骨の内部構造が他の水棲哺乳類と似ていたことが指摘されている。また、コティロリンクスには発達した横隔膜があったことも示唆された。

横隔膜は、呼吸の助けとなる筋肉だ。つまり、コティロリンクスは水中で暮らしながらも、呼吸の際には水面まで浮上し、横隔膜を使って素早く空気を交換し、また水中に潜った可能性があるという。

陸上生活では邪魔になる樽のような胴体も、なるほど水中であれば、さほど気にならない……ということなのだろうか。

ゴルゴノプス類（るい）
Gorgonopsia

かくして古生代の王者となった

スフェナコドン類からゴルゴノプス類へ

古生代最後の時代であるペルム紀は、約2億9900万年前に始まり、約2億5200万年前に終わった。約4690万年間にわたるこの時代は、〝公式〟には、約2億7300万年前と約2億5900万年前を境に3分され、古い方から「シスウラリアン」「グアダルピアン」「ローピンジアン」と名付けられている。

注意したいのは、「前期」「中期」「後期」という区分が設定されているわけではないということだ。この表現を迂闊に使ってしまうと、時代の変化を見失ってしまう。

時代の変化……。そう、環境の大きな変化がペルム紀にあった。約2億7500万年前から約2億7000万年前あたりを境に、地球環境が大きく変化した。寒冷な気候から温暖な気候へと変わり、植生が変わったのだ。

この変化とあわせるかのように、スフェナコドン類を頂点とした盤（ばん）竜類（りゅうるい）の繁栄も終焉を迎え、温暖な気候下で新たな単弓類（たんきゅうるい）のグループ

ゴルゴノプス
リカエノプス
イノストランケヴィア

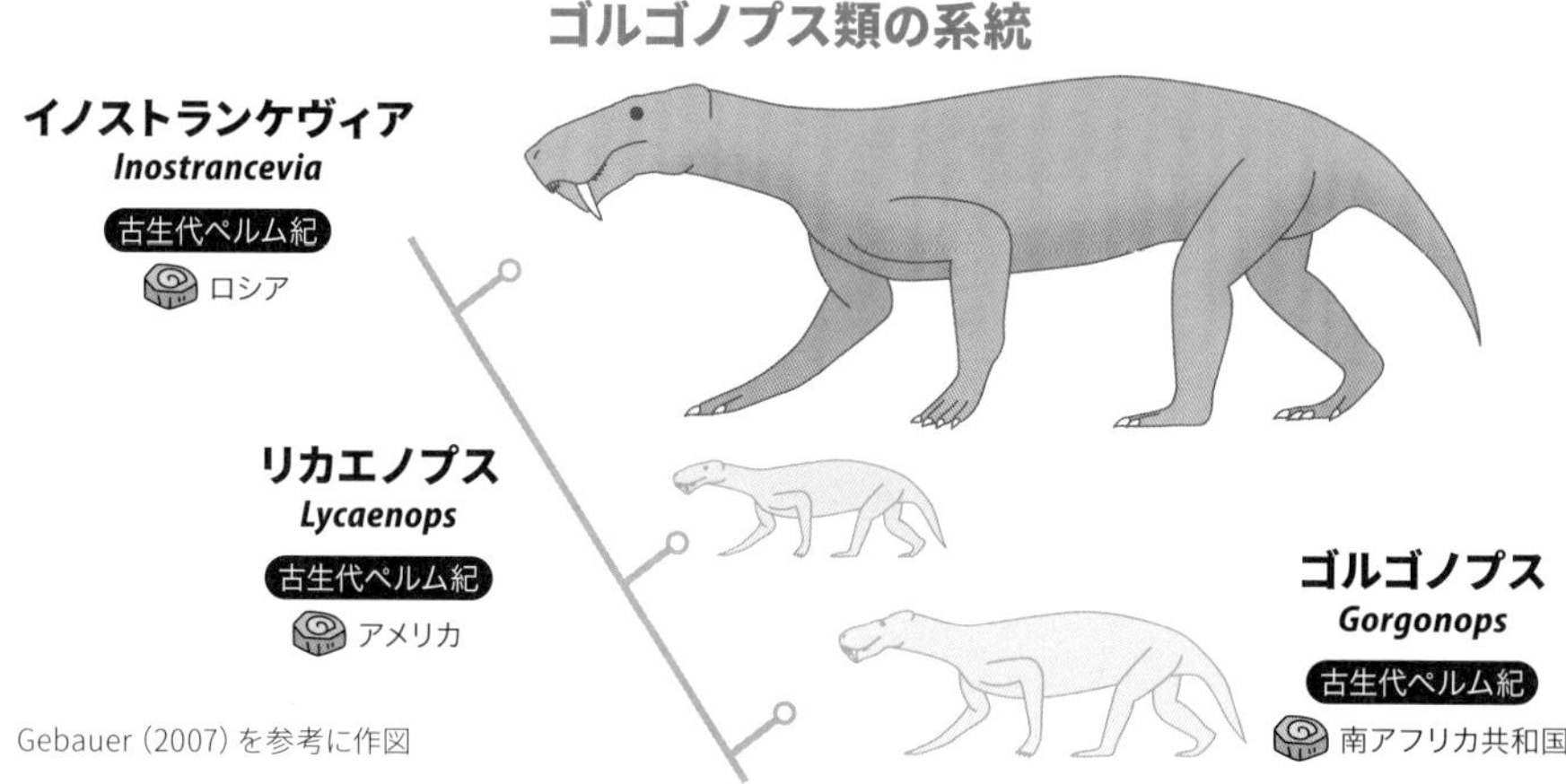

Gebauer（2007）を参考に作図

が台頭する。そのグループこそ、やがて現生の哺乳類を産むことになる「獣弓類（じゅうきゅうるい）」だ。

そして、獣弓類の中で、「ゴルゴノプス類」と呼ばれるものたちが、ペルム紀後半の陸上生態系を席巻することになる。

古生代陸上肉食動物史上、「最大」

ゴルゴノプス類は、知られている限りの初期段階でその姿がほぼ完成していた。

すなわち、高さのある吻部（ふんぶ）で、上下共にあごはがっしり型で犬歯が発達。からだつきはスマートで、前肢は肘をやや側方に張るものの、後肢はほぼ真下へと伸びる。盤竜類がどことなくもっていた鈍重さは、ゴルゴノプス類には感じられない。

初期のゴルゴノプス類である「ゴルゴノプス」は全長1・5メートルほど。その先のステップと位置付けられている「リカエノプス」は全長1メートルほど。ともにアフリカを舞台とした狩人だった。

当時、地球の諸大陸は超大陸パンゲアを形成し、世界はほぼ陸続きで、動物たちは歩いて回ることができた。

ゴルゴノプス類も例外ではない。ロシアまで旅をしたゴルゴノプス類は、そこで全長3・5メートルの「イノストランケヴィア」を生み出す。

3・5メートルというサイズは、現生動物でいえば、ライオン級にあたる。古生代の内陸を歩き回った肉食動物としては最大級だ。まさしく、「古生代の覇王」の座を、ゴルゴノプス類は握っていたのである。

キノドン類 Cynodont

僕らはこうして命をつないできた

覇者と同じグループに生まれ……

古生代ペルム紀の後半において、地上の支配権は「ゴルゴノプス類」が握っていた。

ゴルゴノプス類は、「獣弓類」と呼ばれる単弓類のグループに属している。そして、この獣弓類は、私たち哺乳類に大きく関係する仲間たちで構成されていた。

ゴルゴノプス類が台頭し、繁栄したほぼ同じ時期、獣弓類に「キノドン類」と呼ばれる新たなグループが登場した。

南アフリカやタンザニア、そしてドイツから化石が発見されている「プロキノスクス」は、キノドン類の初期の種類の一つとして知られる。頭胴長40センチメートルほどで、前脚は肘を横に張り、そしてやや細長い尾をもっていた。

大量絶滅事件を乗り越えて……

ペルム紀末に史上最大の大量絶滅事件が発生し、獣弓類も打撃を受けた。「獣弓類の英雄」ともいえるゴルゴノプス類は、この絶滅事件を乗

プロキノスクス
トリナクソドン
モルガヌコドン

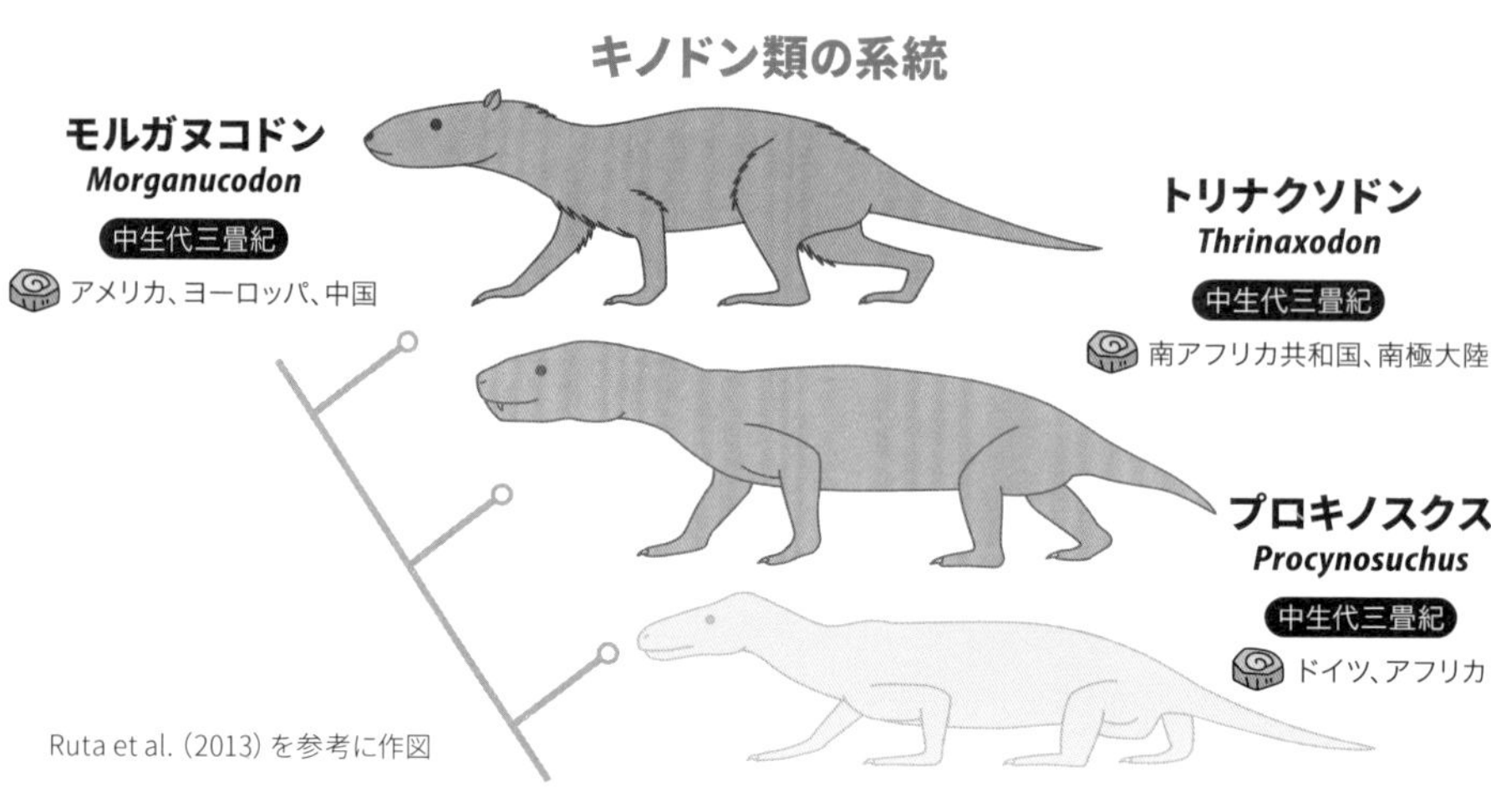

り越えることができなかった。

しかし獣弓類そのものは絶滅しなかった。キノドン類が生き延びて、その命脈をつないだのである。

南アフリカと南極に分布する中生代三畳紀の地層から化石が発見されている「トリナクソドン」は、そうして生き残ったキノドン類の一つ。頭胴長は30センチメートルほどで、哺乳類のように口の中には数タイプの歯が確認されている。かかとも発達していたようで、効率の良い歩行ができたらしい。

……ひっそりと進化した

三畳紀の間に、キノドン類の1グループとして、我らが「哺乳類」の祖先が出現したとみられている。

フランスやスイスに分布する三畳紀の地層、中国やイギリス、アメリカに分布するジュラ紀の地層から化石が発見されている「モルガヌコドン」は、最初期の哺乳類(あるいは、〝少し広義〟の哺乳形類)の代表的な存在だ。

頭胴長は10センチメートルに満たず、いわゆる「ネズミ大」で、〝伝統的な恐竜時代の哺乳類のイメージ〟そのままの姿といえる。

かくして、哺乳類の誕生となるわけだが、……実は、今なお、キノドン類のどのような種から哺乳類が誕生したのか、初期の哺乳類がいかに進化を遂げて現生種につながったのかは、謎が多い。

私たち自身の起源はまだ詳しくわかっていないのである。

2章

恐竜類、爬虫類、両生類、甲冑魚たちの移り変わり

「大きい」は、正義

初めは、大型犬サイズ

「竜脚形類（りゅうきゃくけいるい）」は、全長20メートル超の種が珍しくない植物食恐竜のグループだ。小さな頭、長い首、樽のような胴体に柱のように太い四肢、そして長い尾をもっている。

そんな竜脚形類は、巨大さとは無縁の小型恐竜から始まった。

今から約2億3000万年前の中生代三畳紀のアルゼンチンに生息していた「エオラプトル」は、知られている限り最も古い竜脚形類である。

……最も古い竜脚形類だけれども、エオラプトルには〝竜脚形類らしさ〟を見つけることは難しい。全長は1メートルほどしかなく、腰の高さは40センチメートルに届かない。前脚は短く、二足歩行をし、まるで小型の肉食恐竜のような姿をしている。実際、化石の発見時には肉食恐竜と判断された。その後の研究で、歯に竜脚形類の特徴が見出され、現在に至る。

史上最大級へ

竜脚形類は、多くの大型種を輩出した。

エオラプトル
マメンチサウルス

中国のジュラ紀後期の地層から化石が発見されている「マメンチサウルス」は、「史上最大級」とされる恐竜の一つ。その全長は35メートルに達したといわれている。

ただし、化石（古生物の遺体）の宿命として、大型であればあるほど全身が残りにくくなり、全長値の推定はあやふやなものになるため、研究者によって異なる数値を算出することも珍しくない。

基本的に、動物は大きければ大きいほど、他者に襲われにくい。自然界では「大きさ」は実質的な「強さ」に直結するからだ。竜脚形類は、まさにそんな「大きいは正義（強い）」を体現する進化を遂げたことになる。

エオラプトル
Eoraptor
中生代三畳紀
アルゼンチン

マメンチサウルス
Mamenchisaurus
中生代ジュラ紀
中国

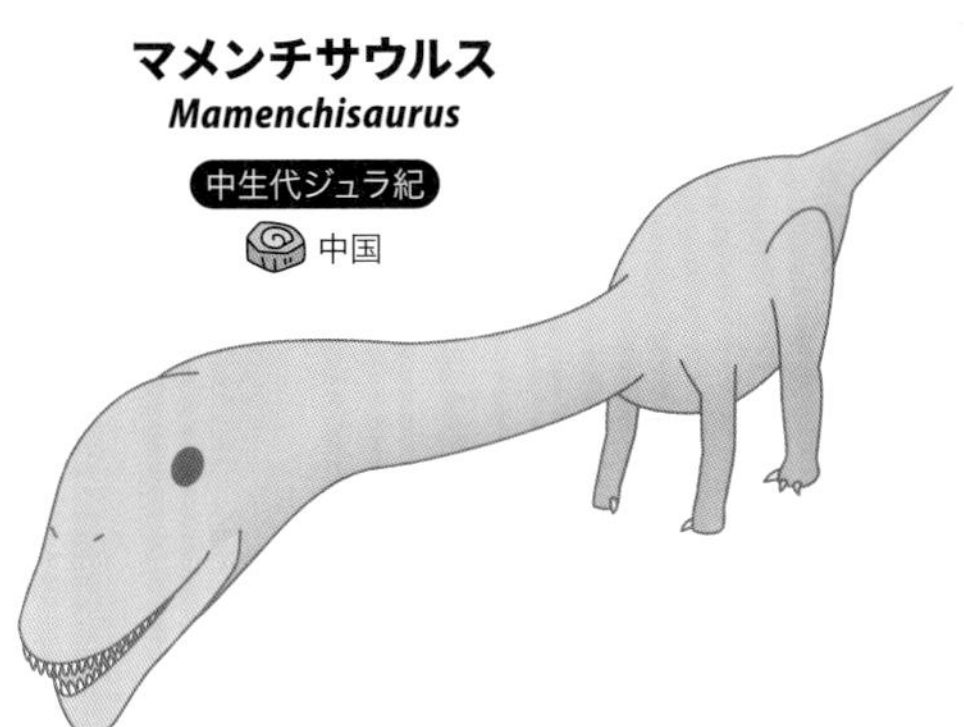

板は有効に使うものです

スクテロサウルス
ステゴサウルス
アンキロサウルス

始まりは〝カケラ〟

恐竜類の中には、背中にほぼ垂直に骨の板を並べた「剣竜類（けんりゅうるい）」というグループと、背中を骨の板で覆った「鎧竜類（よろいりゅうるい）」というグループがある。どちらのグループも、植物食恐竜で構成されている。

剣竜類と鎧竜類は、共通の祖先から進化したと考えられている。その共通祖先に近いとみられている恐竜は、アメリカに分布するジュラ紀前期の地層から化石が発見されている「スクテロサウルス」だ。

スクテロサウルスは、全長１・３メートルほどの小型の植物食恐竜だ。剣竜類も鎧竜類も四足歩行の恐竜類だけれども、スクテロサウルスは二足歩行が主体だった。大きな特徴は背中にあり、１円玉サイズから５００円玉サイズまでの骨片が、背中に点在していた。

この骨片こそが、のちの剣竜類と鎧竜類それぞれの特徴になったという指摘がある。

縦に広く

スクテロサウルスの背中にみられ

るような骨片が、縦方向（垂直方向）に長く伸び、そして背骨に添うように並べば、剣竜類の背中にみられるそれと同じようになる。

たとえば、ジュラ紀後期のアメリカに生息していた全長6・5メートルほどの剣竜類、「ステゴサウルス」の背中の骨板がそうだ。

横に大型化

スクテロサウルスの背中にみられるような骨片が、横方向に大型化して、そして背を覆うように配置されれば、鎧竜類の背中にみられるそれと同じようになる。

たとえば、白亜紀後期のアメリカに生息していた全長7メートルの鎧竜類、「アンキロサウルス」の背中の〝鎧〟がそれだ。

骨板も〝鎧〟も起源は同じ。大型化の方向のちがいが、二つのグループの武装のちがいを生んだのかもしれない、というわけである。

スクテロサウルス
Scutellosaurus
中生代ジュラ紀
アメリカ

ステゴサウルス
Stegosaurus
中生代ジュラ紀
アメリカ、ポルトガル

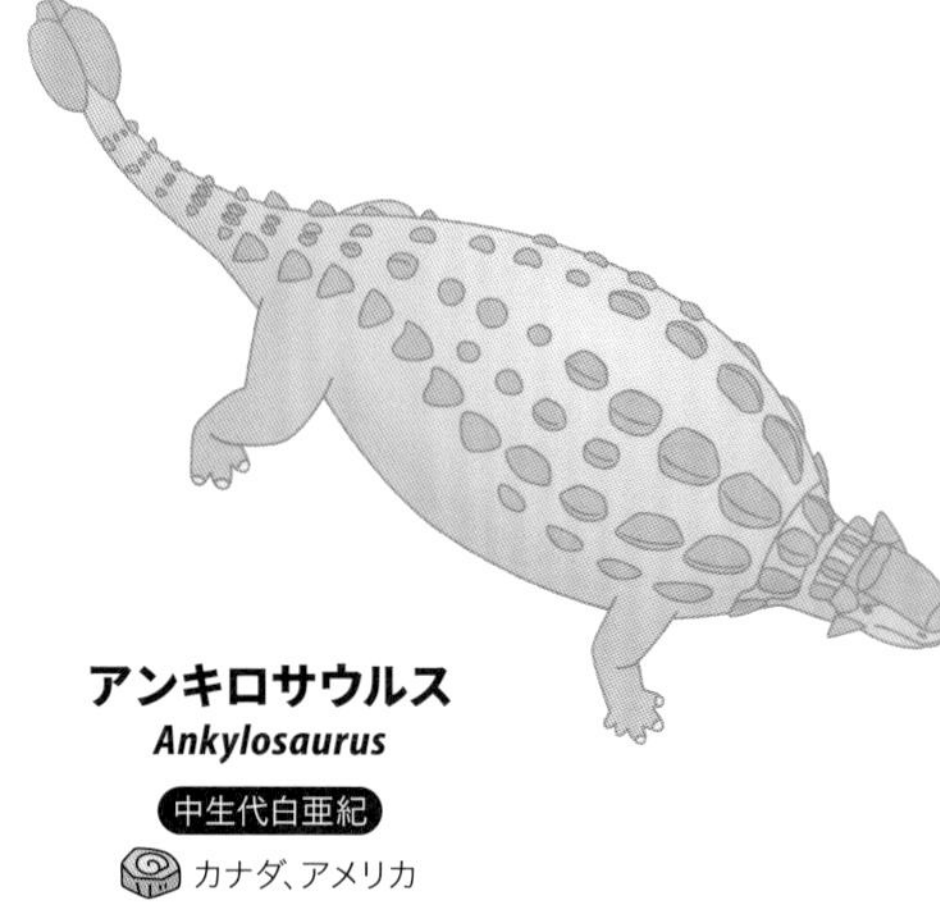

アンキロサウルス
Ankylosaurus
中生代白亜紀
カナダ、アメリカ

スピノサウルス類
Spinosauridae

私は水が好きだ！

魚を食べるようになりました

動物の食性は、ざっくりわけると「肉食性」「植物食性」「雑食性」に分けられる。このうち「肉食性」には、「昆虫食性」や「魚食性」なども含まれる。

恐竜類も例外ではない。いわゆる「肉食恐竜」の中には、昆虫を主食としていたとみられるものや、魚を主食としていたものが数多くいた。「スピノサウルス類」こそ、魚食恐竜の代表格だ。

初期のスピノサウルス類は、約1億2500万年前の中生代白亜紀前期のイギリスに出現した「バリオニクス」に代表される。

バリオニクスは、全長7・5メートルほどのほっそりとした恐竜だ。スピノサウルス類であると同時に、より広い分類群である獣脚類に属している。しかし、スピノサウルス類以外の獣脚類とは大きなちがいがあった。

歯が円錐形だったのだ。

肉食性の獣脚類は、程度の差こそあれステーキナイフのような形の歯をもっている。そうした歯で獲物を

バリオニクス
イリテーター
スピノサウルス

スピノサウルス類における鼻孔の位置変化

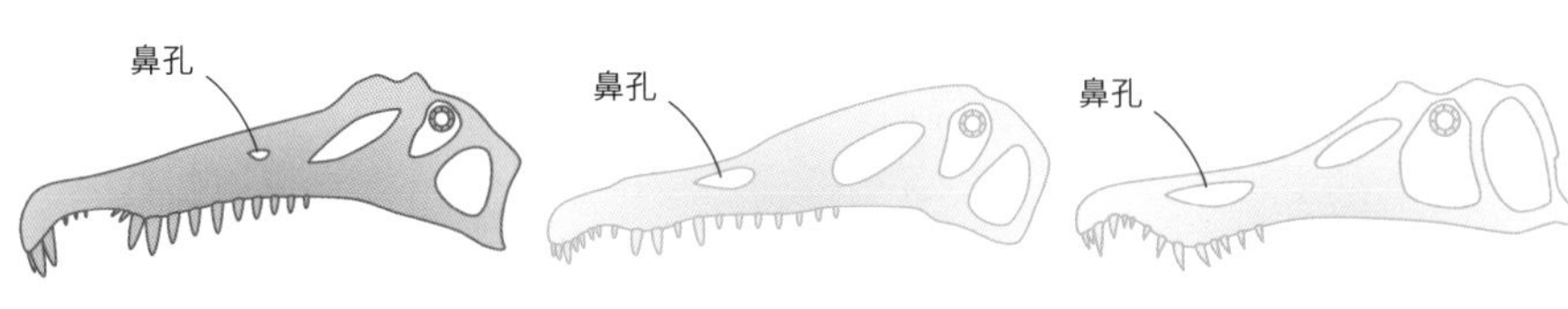

噛み砕き、肉を切り裂く。

しかし、バリオニクスの歯は円錐形だ。これは、現生のワニ類のものと似ている。魚食性の歯だ。魚に刺して確保し、そして口を開いてひと飲みにするのである。

また、バリオニクスの吻部は先端が細く長く伸びていた。鼻孔は、その先端近くにある。面構えも現生のワニ類とよく似ている。水中で口を開閉する際に、水の抵抗の少ない細い吻部は都合が良い。

実際、バリオニクスの腹部のあった場所からは、消化途中の魚の鱗が発見されている。魚を食べていたことは、ほぼ間違いない。

もっとも、バリオニクスは完全な魚食性だったというわけではないらしく、植物食恐竜の骨も同じ場所からみつかっている。

水が好きになりました

スピノサウルス類の〝進化の途中段階〟は、1億1000万年前のものとされるブラジルの地層から化石が発見された「イリテーター」に見ることができる。

イリテーターは、全長7・5メートルほどのスピノサウルス類だ。

イリテーターの風貌は、バリオニクスと近い。ただし、頭骨における鼻孔の位置が大きく異なっていた。

イリテーターの鼻孔は小さく、そして吻部先端から離れ、眼窩の近くに位置していたのだ。

これにより、イリテーターは吻部の先端を水面下に沈めていても呼吸をつづけることができた。魚食性への適応が進んだといえる。

スピノサウルス類の系統

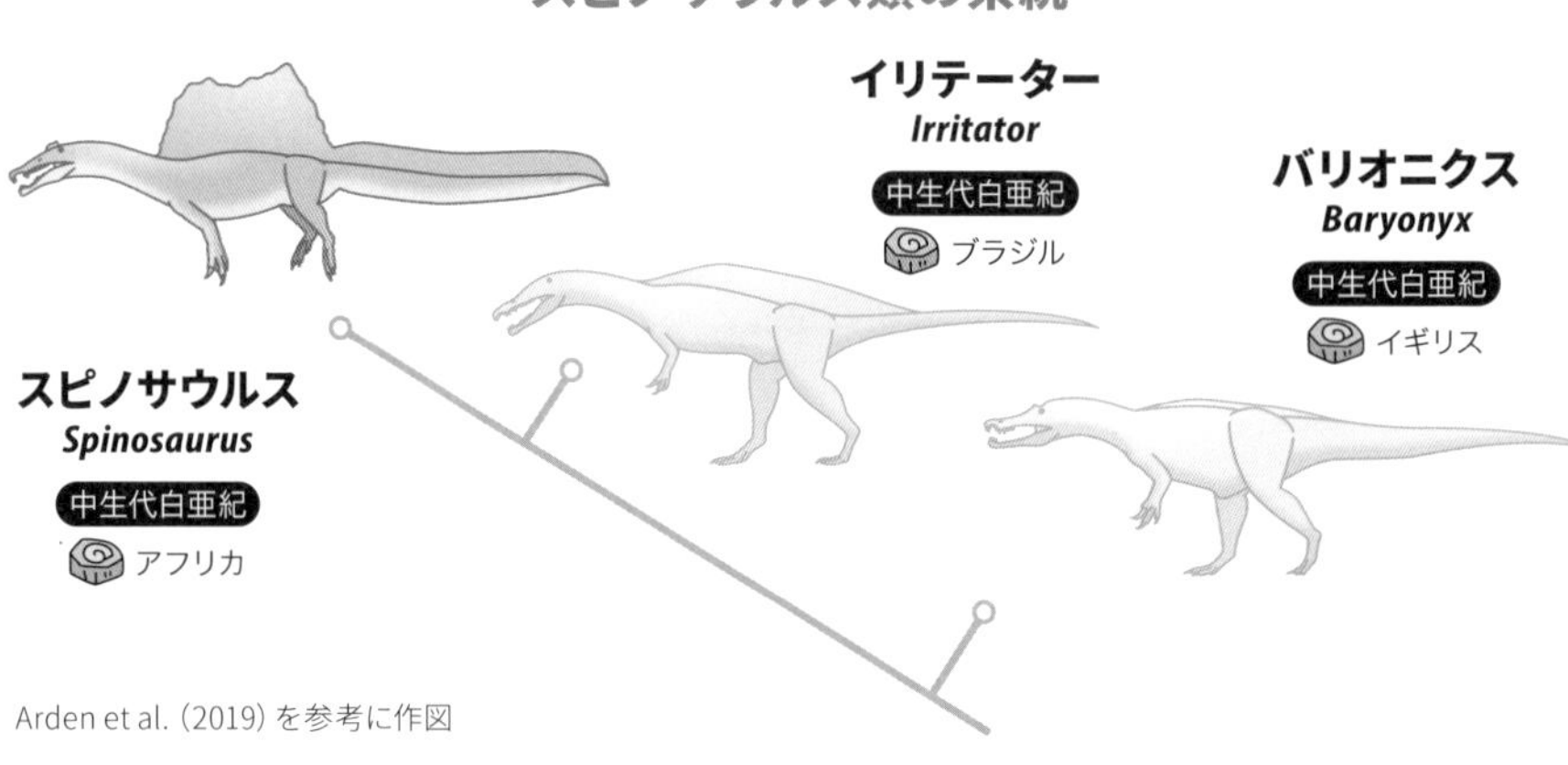

Arden et al. (2019) を参考に作図

そして、水の中へ

スピノサウルス類の代表種であり、知られている限り〝進化の終着点〟だった「スピノサウルス」は、約1億年前、白亜紀後期初頭の北アフリカに出現した。

スピノサウルス類の多くは、背骨の突起の一部が上方へ平たく伸びる。そのため、バリオニクスもイリテーターも、他の多くの恐竜類と比べると背中がこんもりとしていた。

スピノサウルスの平たく伸びる突起は顕著で、こんもりというよりは長い板のようだ。その板が連なって、「帆」のように復元される。

スピノサウルスは、その名をつけるときに使われた〝最良の標本〟が第二次世界大戦で失われている。そのため、今ひとつ復元が定まらず、研究の進展とともにその復元図は二転三転してきた。

２０１４年に発表された研究によると、スピノサウルスの全長は15メートル。獣脚類としては珍しく、前脚が長く、後脚が短い。四足歩行をしていたとみられる。そして、２０２０年には、その尾が上下に幅広だったことが判明している。ちなみに、頭部を見ると、鼻孔の位置はさらに眼窩によっていた。

上下に幅広の尾の役割については議論がある。２０２０年の研究では、スピノサウルスの生活の中心は水中で、この尾を使って上手に泳いでいたとされた。２０２１年に発表された研究では、尾は遊泳用ではなく、〝何らかのディスプレイ〟で、水中ではなく、水辺で暮らしていたと指摘されている。

ティラノサウルス類(るい)
Tyrannosauridae

帝王も昔は弱かった？

アジアの小さな仲間

おそらくすべての古生物の中で、最も知名度が高い存在こそ、「ティラノサウルス」だろう。「アノマロカリス（140ページ）」や「ディメトロドン（55ページ）」を知らない人はいても、ティラノサウルスを知らない人はいないのではないだろうか。少なくとも筆者は出会ったことがない。

ティラノサウルスは、全長13メートルの大型肉食恐竜だ。そのサイズは、肉食恐竜として最大ではないけれども最大級である。高さも幅もある大きな頭部をもち、がっしりとしたアゴには、削られていない鰹節のような太い歯が並ぶ。

まさに帝王の風格だ。

一方で、前脚は驚くほど小さく、前足の指は2本しかない。ここには可愛らしささえ感じてしまう。この小さな前脚の役割についてはよくわかっていない。

全身、あるいはほぼ全身の体表は鱗であったとみられており、羽毛があったとしても、背の一部などに限定されていたと考えられている。

グアンロン
ユティラヌス
ディロング
リトロナクス
ティラノサウルス

そんなティラノサウルスの仲間を「ティラノサウルス類」と呼ぶ。

ティラノサウルス類は、その歴史の最初から帝王の風格があったわけではない。

そもそもティラノサウルスは、今から約7000万年前の中生代白亜紀末の北アメリカに出現した恐竜である。

一方、ティラノサウルス類、の歴史は、1億6000万年以上前の中生代ジュラ紀中期にまで遡ることができる。

そんな初期のティラノサウルス類の代表といえる種類が、当時の中国に生息していた「グアンロン」だ。その全長は3・5メートルほどしかない。

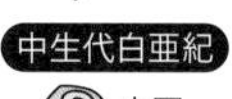

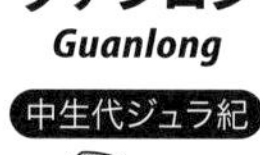

ディロング
Dilong
中生代白亜紀
中国

ユティラヌス
Yutyrannus
中生代白亜紀
中国

グアンロン
Guanlong
中生代ジュラ紀
中国

サイズ以外にも、グアンロンとティラノサウルスにはちがいが多かった。グアンロンの前脚は肉食恐竜としては長くもなく短くもないという〝普通〟の長さで、前足の指は3本あった。頭部は全身の割合からみてとくに大型というわけではなく、薄い骨製のトサカがあった。

一見すると、ティラノサウルスと同じグループの恐竜には見えないが、実は歯のつくりと、吻部（ふんぶ）の構造などがティラノサウルスのものとよく似ていた。

全身羽毛の中型種

約1億2800万年前、白亜紀前期の中国に「ユティラヌス」が出現した。

ユティラヌスは、全長9メートル。ティラノサウルスほどではないにしろ、それなりに大きなからだをもつ。

このティラノサウルス類は、二つの点で注目されている。

一つは、「からだの割にはやや大きな頭部」というティラノサウルスのような特徴をもちながら、「前足の指が3本」というグアンロンと同じ特徴をもっているということ。つまり、ティラノサウルス類における進化的な特徴と、原始的な特徴の両方をあわせもっていた。

もう一つは、ほぼ全身が羽毛で覆われていたということ。羽毛の証拠が確認されている

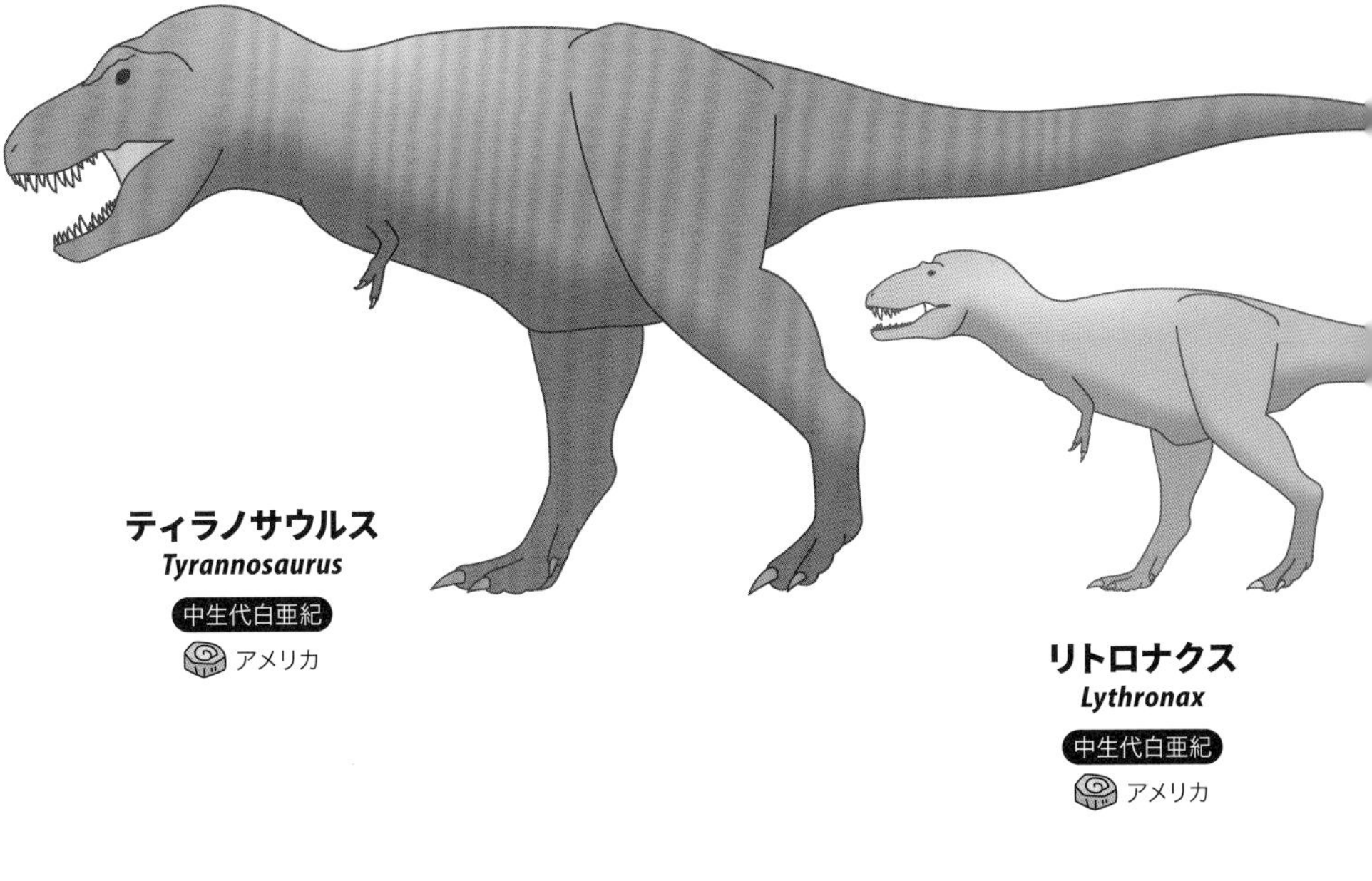

ティラノサウルス
Tyrannosaurus
中生代白亜紀
アメリカ

リトロナクス
Lythronax
中生代白亜紀
アメリカ

恐竜は少なくないけれども、全長9メートル級でほぼ全身を羽毛で覆っていたという例は珍しい。

体格が大きな動物ほど、熱は体内に篭りやすくなる。これは、コーヒーカップの湯と浴槽の湯の関係と同じだ。コーヒーカップの湯はすぐ冷めるが、風呂の湯は冷めにくい。羽毛をもった恐竜の多くが小型である理由は、この〝物理法則〟が関係しているとみられている。

しかし、ユティラヌスの全長は、9メートルだ。小型ではないし、熱が篭りやすい可能性は高い。過熱状態とならずに、生きていけたのか？

これは、ユティラヌスの暮

らしていた地域が関係していたようだ。

ユティラヌスは、年平均気温約10℃という地域に生息していたのである。

年平均気温約10℃という気温は、現代日本の青森市の平均気温と一致する。

ユティラヌスはなかなかの大型だけれども、寒冷な地域に棲んでいた。したがって、全身が羽毛で覆われていても、さほど不思議ではないとされる。

再び小さな仲間

ティラノサウルス類は、すべての恐竜類の中で、最も熱心に研究されているグループの一つだ。そのため、頻繁にさまざまな情報が更新されていく。

2016年に発表された研究によると、ティラノサウルス類の中でも、グアンロンやユティラヌスたちが属する系譜は、白亜紀半ばを待たずにして姿を消した。

しかし、その系譜との共通祖先から、ティラノサウルスにつながるティラノサウルス類が進化。遅くてもジュラ紀後期には登場した。

〝ティラノサウルス類本流〟ともいえるこちらの系譜で、初期の代表ともいえるのは、ユティラヌスと同時代、同地域に生きていた「ディロング」だ。

ディロングは全長1・6メートルというかなり小型のティラノサウルス類だ。グアンロンも小型だったけれど、ディロングは長さで見てその半分もない。体重はわずか15キログラムだ。現代日本人でいえば、3～4歳児並みの軽さである。

姿はグアンロンと似ていた。すなわち、頭部は大きくなく、腕は〝普通〟で、指は3本あった。ただし、グアンロンとは異なり、骨製のトサカをもっていなかった。また、羽毛の化石が確認されており、全身を羽毛で覆っていたとみられている。

大型化の兆し?

長らくアジア（中国）を舞台に話を進めてきた。しかし、遅くても約8000万年前の白亜紀後期には、アメリカに舞台が移る。

「リトロナクス」の登場だ。

リトロナクスは全長7メートル。ティラノサウルスとディロングのちょうど中間的なサイズの持ち主。頭部は大きく、がっしりとしていて、ティラノサウルスのものとよく似て

ティラノサウルス類の系統

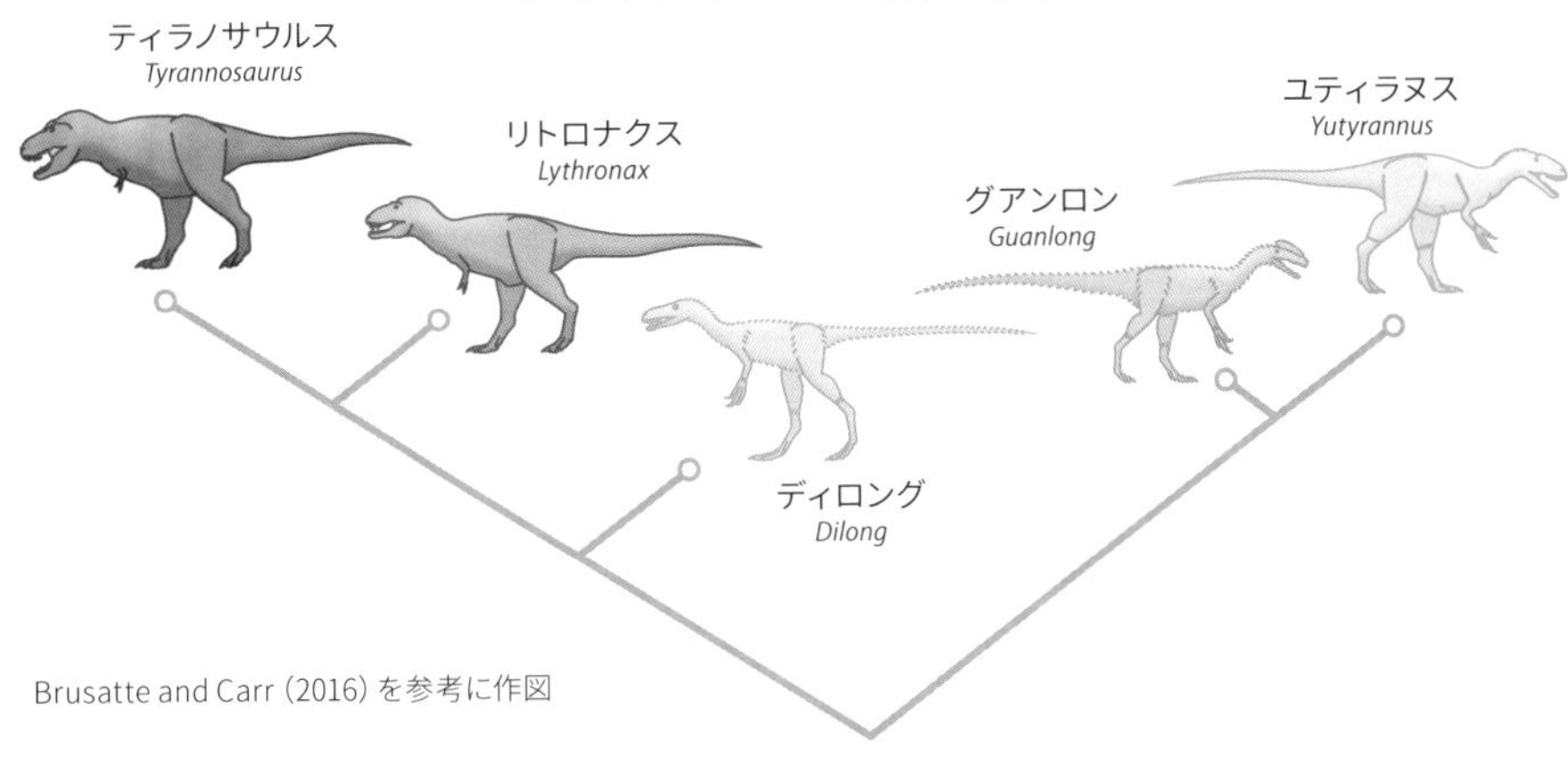

Brusatte and Carr (2016) を参考に作図

いた。ちなみに、全身の化石は発見されていないので、前脚については不明である。

リトロナクス後に登場したティラノサウルス類は、より大きなからだをもつ種類が多くなる。

アジアとアメリカ、それぞれで

リトロナクスの登場から1000万年ほどのちになって、帝王の時代となった。「ティラノサウルス」が登場し、生態系の頂点に君臨するようになったのだ。

当時のティラノサウルス類は、ティラノサウルスだけだったというわけではない。ティラノサウルスよりもやや小型の種類もいたし、細身の種類もいた。

〝ティラノサウルス類の物語〟の前半を担ったアジアでも、白亜紀末になると大型種が多数出現している。その中には、ティラノサウルスとよく似た姿をもつ種類も多数確認されている。アジアとアメリカの両方で、彼らは命を繋ぎ、そして生態系の頂点に立ち、しかし滅んだのである。

オルニトミモサウルス類（るい）
Ornithomimosauria

速いだけじゃないんやで

オルニトミムス
デイノケイルス

恐竜界で最速！

中生代白亜紀、「オルニトミムス」と名付けられた恐竜が大地を疾走していた。

オルニトミムスは、「ダチョウ恐竜」とも呼ばれる「オルニトミモサウルス類」の一員にして、その代表種。全長は3・5メートルほど。「ダチョウ恐竜」の俗称の通り、現生のダチョウ（*Struthio camelus*）に似ていた。そのからだは、小さな頭部、やや長い首、翼のある前脚、長い後ろ脚で構成されている。

ダチョウは飛べない鳥であり、飛ばない代わりにかなりの速さで走ることができる。ダチョウに似たオルニトミムスも同じように、かなりの速さで走ることができたと考えられている。

オルニトミモサウルス類は、そんな〝走行性恐竜類〟が属していた。基本的に足が速かったとみられる恐竜たちばかりで、ある1種類を除けば、全長は6メートル以下の中型種ばかり。ある1種類を除けば、いずれもよく似た姿をしていた。

速さのかわりに……

オルニトミモサウルス類における例外中の例外。

それが、「デイノケイルス」だ。

推定される全長は11メートル。かの大型肉食恐竜「ティラノサウルス」に匹敵するサイズである。

デイノケイルスは、前後に細長い頭部をもち、やや長い首、長い腕、背中に〝帆〟のある胴体、太い脚をもつ。背中の帆は、68ページで紹介した「スピノサウルス」のそれによく似ていた。なお、スピノサウルスの帆の役割はわかっておらず、デイノケイルスの帆の役割も不明だ。

最大の特徴は長い腕だ。そもそも「デイノケイルス」という名前は、「恐ろしい手」を意味し、この長い腕に由来する。その長さは、実に2・4メートルにおよんだ。

デイノケイルスはオルニトミモサウルス類でありながら、「足が速い恐竜」とは見なされていない。なにしろ、その姿が姿であるし、体重だって、他のオルニトミモサウルス類が最大で450キログラムほどなのに対して、デイノケイルスは6・4トンもあった。

しかし、湿地帯を歩くことに適応した足をもち、魚を食べたり、植物を啄ばむことができたようだ。「走り」を捨てて進化したその先に、独特の生態を獲得したのである。

オルニトミモサウルス類

オルニトミムス
Ornithomimus

中生代白亜紀

北米

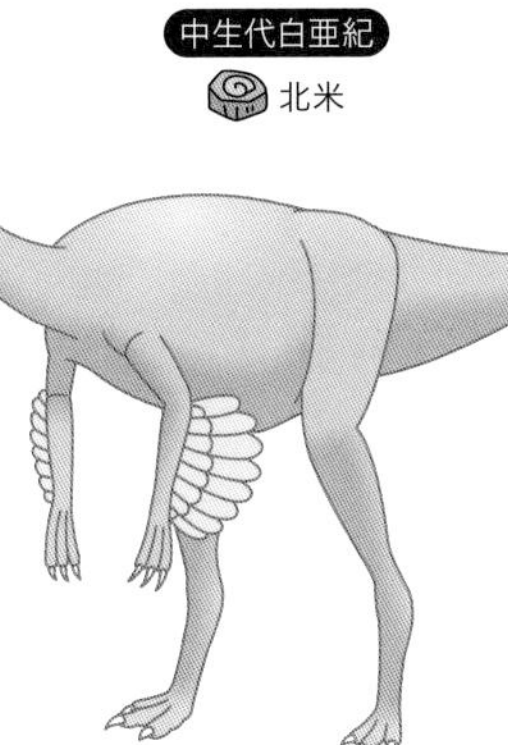

デイノケイルス
Deinocheirus

中生代白亜紀

モンゴル

テリジノサウルス類
Therizinosauridae

“メタボになる”という進化

歯の仕様が変わりました

恐竜類は、大きく二つのグループに分けられる。「竜盤類」と「鳥盤類」である。

このうち、竜盤類はさらに二つのグループに分けられている。「竜脚形類」と「獣脚類」だ。獣脚類は現生の鳥類を含むグループで、すべての肉食恐竜がここに含まれる。「肉食恐竜の帝王」として知られる「ティラノサウルス」も、映画『ジュラシック・パーク』などで知られるラプトルのモデルの「デイノニクス」も、ともに獣脚類である。

獣脚類の始祖は肉食性だったとみられている。しかし、このグループに含まれるすべての恐竜類が肉食性だったというわけではない。二次的に植物食性へと進化したものもいた。その一つが、テリジノサウルスの仲間たちだ。

テリジノサウルスの仲間たち（テリジノサウルス類）の初期の種類は、中生代白亜紀前期、今から約1億2900万年前～約1億2500万年前のアメリカに出現している。名を「ファルカリウス」という。

ファルカリウス
アラシャサウルス
テリジノサウルス

ファルカリウスは全長4メートルほどで、体重は100キログラムほどと推定されている。スマートな体つきをした二足歩行。頭部は小さく、首は細く、長い指をもっていた。

注目すべき特徴は、その歯だ。

多くの肉食性の獣脚類は、一般的に原始的な種、進化的な種に関わらず、ナイフ状の歯をもつ。

しかし、ファルカリウスの歯は、木の葉のような形をしていた。この形は、「大型恐竜」の代名詞であり、植物食性の竜脚形類（64ページ参照）の一部の種と同じだ。

そのため、ファルカリウスは、肉食性の祖先をもち、すべての肉食恐竜が属する獣脚類にありながらも、植物を食べていたと考えられている。

そして、でっぷり化

ファルカリウスの登場から1000万年〜2000万年ほど経過した中国に、「アラシャサウルス」が出現した。

ファルカリウスの〝少し先〟に位置付けられるこの獣脚類は、全長こそ4メートルとファルカリウスとほぼ同等であるものの、体重は400キログラムと実に4倍に増えた。

ファルカリウスと比べると、ずいぶんと、でっぷりしていたのだ。

そして、アラシャサウルスが登場してから3000万年前後経過した白亜紀後期になると、モンゴルに「テリジノサウルス」が現れる。

テリジノサウルスは全長10メートルというなかなかの大型種で、その体重は5トン以上というなかなかの重量級だ。

テリジノサウルスは小さな頭、長い首、でっぷりとした胴体に長い腕、長い爪、がっしりとした後ろ脚といった獣脚類である。

特徴は、長い爪だ。実に70センチメートル以上の長さがあったとみられている。この長い爪には鋭さがない。いったい何のための長い爪だったのかは謎とされている。

ファルカリウス、アラシャサウルス、テリジノサウルスと続けてみていくと、この恐竜たちが辿った進化がよくわかる。

明らかに「でっぷり化」しているのだ。ずいぶんな〝メタボ化〟をしているようにみえる。

ただし、「メタボ化」といっても、それは脂肪が溜まったことによるものではない。おそらく腸などの消化

テリジノサウルス類の系統

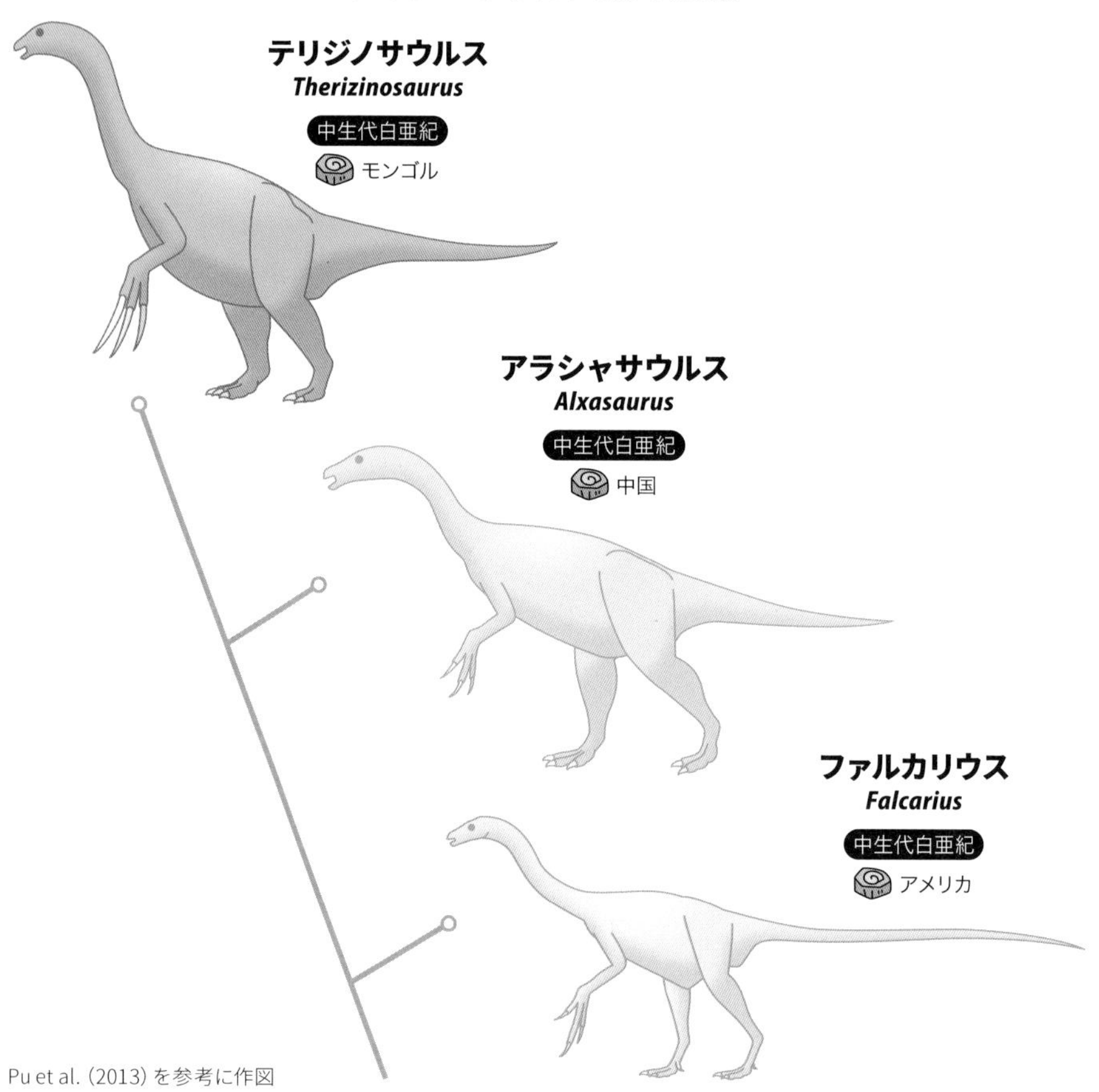

Pu et al. (2013) を参考に作図

器官が大型化したとみられている。

大きな消化器官は、植物食者にこそ必要だ。一般に、肉よりも植物の方が消化に時間がかかる。

植物食性の動物の中には、小石を自ら飲み込んで、「胃石」として用いている例がある。腹の中の植物を小石を用いてすりつぶし、消化しやすくするわけだ。

しかし、テリジノサウルスの化石には胃石は発見されていない。

テリジノサウルスの仲間にみる「でっぷり化」は、胃石をもたないことも関係していた可能性が指摘されている。

鳥類
Aves

もはや常識？恐竜から鳥へ

恐竜は今も生きている

1990年代から続く発見によって、「鳥類の恐竜起源説」はもはや定説となった。

否、「恐竜起源」という言い方は、正しくないのかもしれない。この書き方には、「人類の哺乳類起源」と綴った場合と同じ違和感が現在では生じている。

なぜならば、人類が哺乳類の一部であるように、鳥類は恐竜類の一部なのだ。

恐竜類は、「竜盤類」と「鳥盤類」に2分される。

竜盤類には全長20メートル超級の巨大植物食恐竜や、「ティラノサウルス」に代表されるすべての肉食恐竜が分類される。

鳥盤類は「トリケラトプス」に代表され、さまざまな植物食恐竜が分類される。

いささかややこしいのだけれど、「鳥盤類」には「鳥」の文字が含まれているものの、鳥類はこちらのグループには属さない。竜盤類に分類される。

竜盤類の恐竜たちは、多くの巨大

アーケオプテリクス
フクイプテリクス
コンフキウソルニス
ドロマエオサウルス

植物食恐竜が属する「竜脚形類」と、すべての肉食恐竜が属する「獣脚類」に分けることができる。鳥類が属しているのは、獣脚類だ。すなわち、このレベルの分類でみれば、鳥類はティラノサウルスの親戚にあたる。言い換えれば、現代の地球にもティラノサウルスの親戚たちが生きていることになる。

始祖鳥とフクイプテリクスと

……とはいえ、獣脚類の中を細かく見れば、ティラノサウルスが鳥類に近縁というわけではない。

鳥類に近縁とされるのは、中生代白亜紀後期の北アメリカに生息していた全長2メートルほどの小型で俊敏な「ドロマエオサウルス」に代表されるグループだ。その名を「ドロマエオサウルス類」という。

ドロマエオサウルス類には、映画『ジュラシック・パーク』のシリーズや『ジュラシック・ワールド』のシリーズに登場する俊敏で賢い小型恐竜の「ラプトル」のモデルである「デイノニクス」も属している。

「最も原始的」と位置付けられている鳥類は、ジュラ紀後期のドイツに生息していた「アーケオプテリクス」である。日本では「始祖鳥」の名でも知られる。

全長50センチメートルほどのこの鳥類は、口はクチバシではなく、歯が並んでいたり、飛翔に必要な筋肉がつくはずの骨格が未発達だったりするなど、さまざまな点で原始的だった。

アーケオプテリクスの次に位置付けられているのは、日本の白亜紀前期の地層から発見されている「フクイプテリクス」だ。その名が示すように福井県産である。ハトほどの大きさとされるこの鳥は、尾の特徴が現生鳥類と同じである一方で、四肢のつくりは、原始的とされる。

白亜紀前期の中国には、「コンフキウソルニス」が出現している。なんとも覚えにくい名前をしているように思えるかもしれないが、この名前は儒教の開祖である孔子にちなんだものだ（「孔子先生の鳥」という意味である）。そのため、「孔子鳥」という名前でも知られている。

コンフキウソルニスは全長50センチメートルほど。その見た目は、かなり鳥っぽい……現生鳥類とよく似ていた。フクイプテリクスに確認できる〝現生鳥類型の尾〟がコンフキウソルニスにも確認できるほか、口には歯がなく、クチバシになってい

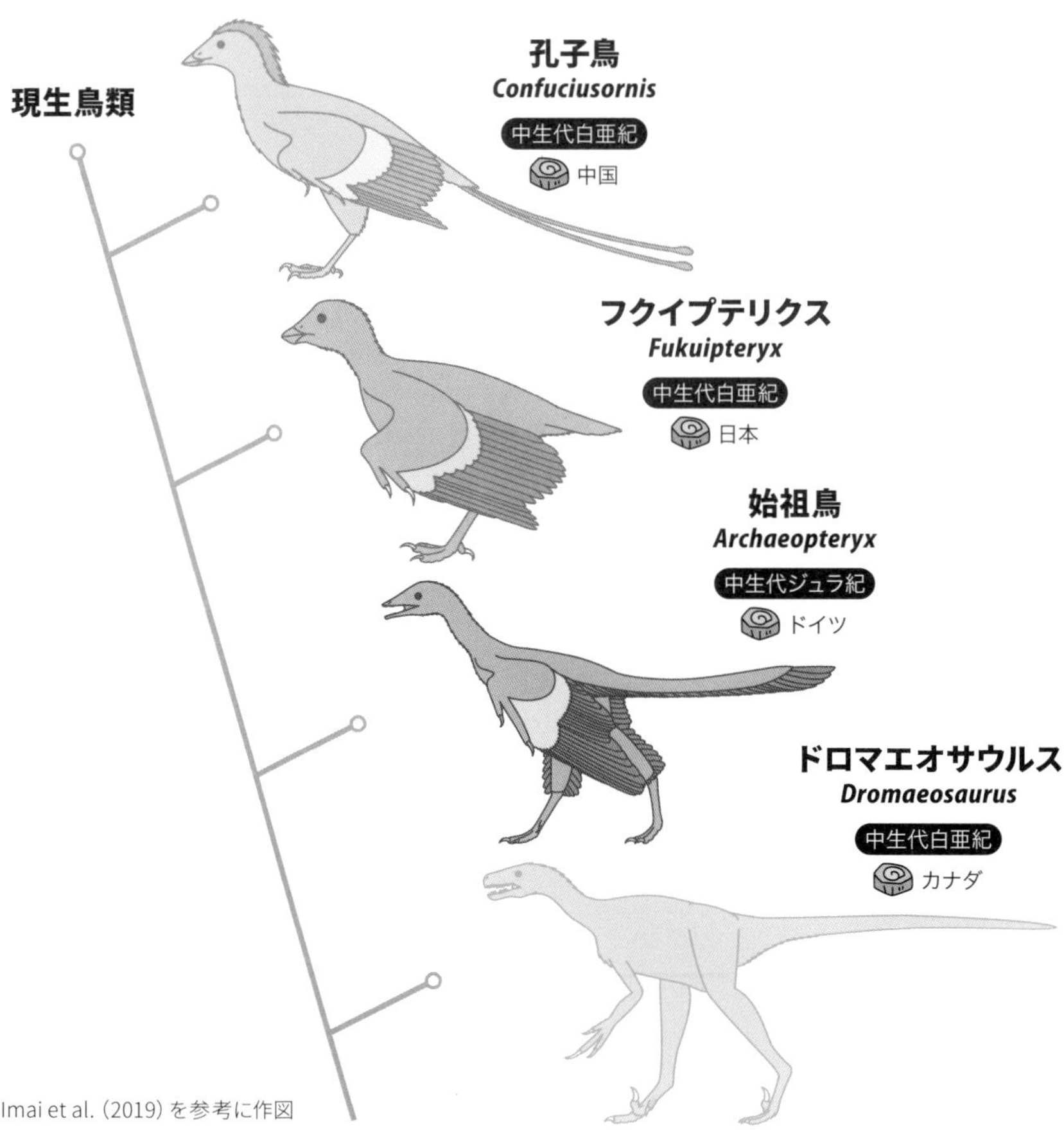

Imai et al. (2019) を参考に作図

た。

一方で、四肢はまだ原始的であり、とくに前足で枝を掴むことができたのではないか、と指摘されている（現生の鳥類にはできない）。

その後、こうした原始的な特徴が失われ、現生鳥類の誕生につながったとみられている。

アーケオプテリクスを除けば、鳥類進化に重要とみられる化石の多くは、中国で発見されている。そこに２０１９年になって、フクイプテリクスの日本が加わった。今後もアジアにおける新たな発見が鳥類進化をより詳しく解き明かしていくことになるだろう。

ペンギン類（るい）
Sphenisciformes

かつては大型でした

まるで鵜（う）

動物園や水族館の人気者、ペンギン。海を飛ぶように泳ぐ彼らは、〝恐竜後の世界〟において、鳥類の海洋進出を代表する存在といえる。

約6600万年前のこと。一つの巨大隕石の落下を契機として、大量絶滅事件が勃発した。地上で1億3000万年以上にわたって栄華を誇っていた恐竜類は、鳥類を残して滅ぶことになった。このとき中生代が終わり、新生代が始まった。

新生代になってからの鳥類の〝展開〟は迅速だった。大量絶滅事件からわずか400万年～500万年後には、ペンギン類が登場し、海洋進出を果たしたのだ。このタイミングは、哺乳類の本格的な海洋進出……クジラ類の台頭に約1000万年も先行している。

「ワイマヌ」は、知られている限り最も初期のペンギン類だ。その体高は90センチメートル。姿は、ペンギンよりはウ（鵜）に近い。首やクチバシ、翼が細いのだ。また、骨は密度が高くて重く、水中を潜ることに適していた。

ワイマヌ
イカディプテス

ペンギン類

巨大ペンギン

ペンギン類は、その後、多様化を進め、〝空前の繁栄期〟を迎えることになる。

その象徴といえるのが、約3600万年前に登場した「イカディプテス」である。長さ23センチメートルにもおよぶ鋭いクチバシをもつこのペンギン類は、体高が150センチメートルもあった。現在の地球におけるペンギン類の最大種「コウテイペンギン（*Aptenodytes forsteri*）」の体高が120センチメートルほどだから、イカディプテスの高さたるや、推して知るべし、である。そして、当時、他にも多数の大型種が生息していたことが確認されている。

約1300万年前〜約1100万年前になると、現在の「マゼランペンギン（*Spheniscus magellanicus*）」の仲間（*Spheniscus*属）が登場し、多様化していくことになる。

小さな頭より大きな頭

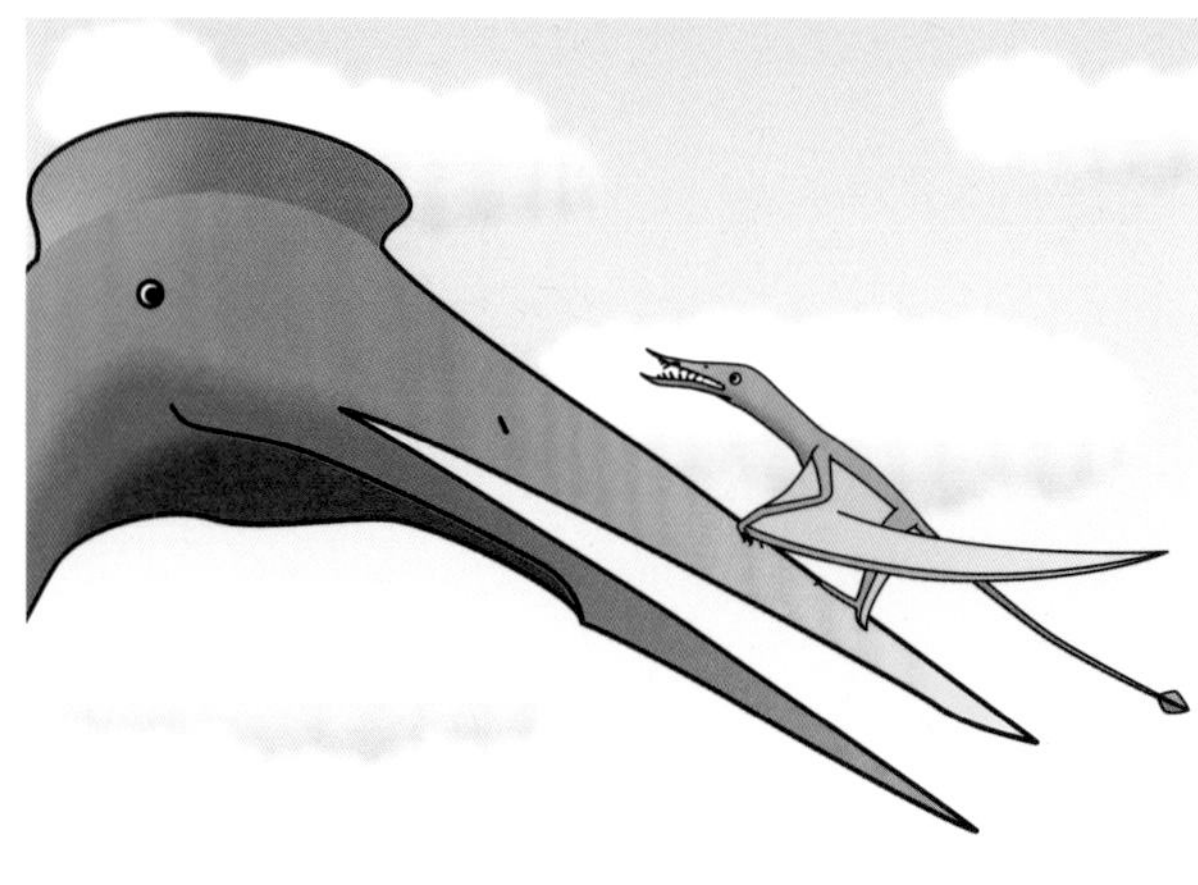

小さな頭で長い尾

「恐竜時代」として知られる中生代。この時代の空は、二つのグループによって支配されていた。一つは、「鳥類」。もう一つは、「翼竜類」である。

翼竜類は、「竜」という文字は使うものの、恐竜類とは別のグループだ（ただし、近縁のグループではある）。羽根を集めて翼をつくって空を飛ぶ鳥類とは異なり、皮膜を腕とからだの間に張って空を飛ぶ。

翼竜類の歴史は、恐竜類と同じ中生代三畳紀後期にはじまり、そして中生代白亜紀末にほとんどの恐竜類とともに姿を消した。

翼竜類は、大きく二つに分けることができる。一つは、「頭部が小さく、尾が長い翼竜たち」であり、もう一つが、「頭部が大きく、尾が短い翼竜たち」である。前者の方が歴史が古く原始的で、後者の方が登場があとであり進化的とみられている。「頭部が小さく、尾が長い翼竜たち」の代表は、「ランフォリンクス」だ。ドイツに分布するジュラ紀後期の地層からその化石が発見されている。

ランフォリンクスは、翼を広げた

ランフォリンクス
ダーウィノプテルス
ケツァルコアトルス

翼竜類の系統

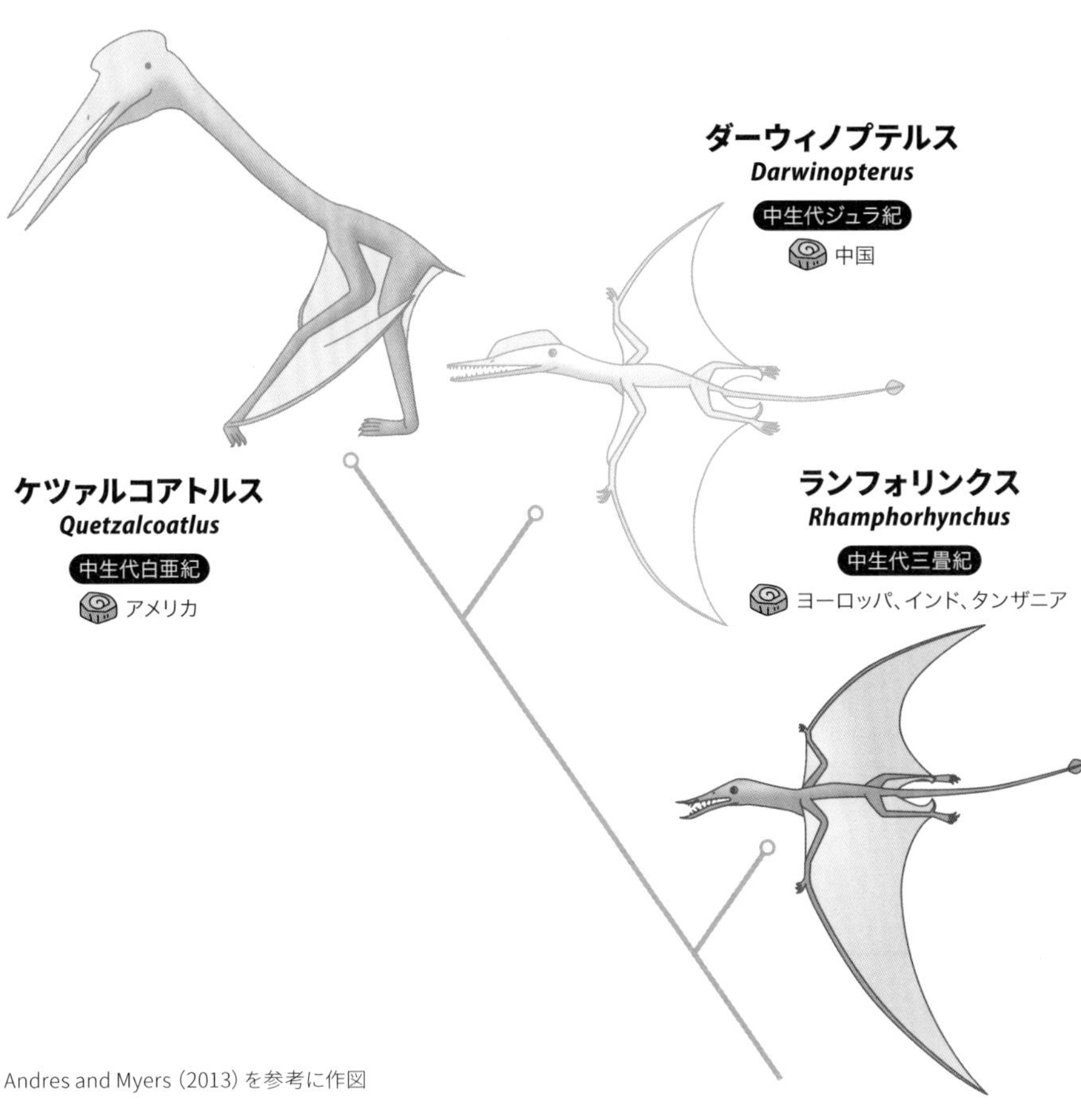

Andres and Myers (2013) を参考に作図

ときの幅（翼開長）が2メートルに達する翼竜類だ。この値は、「頭部が小さく、尾が長い翼竜たち」の中では、大きな部類に入る。小さな頭部には鋭い歯が並び、また長い尾の先には団扇のような構造があった。

大きな頭で長い尾

先発の「頭部が小さく、尾が長い翼竜たち」から、後発の「頭部が大きく、尾が短い翼竜たち」の間をつなぐ翼竜類として位置付けられているのは、中国に分布するジュラ紀後期の地層から化石が見つかっている「ダーウィノプテルス」である。

ダーウィノプテルスは、翼開長90センチメートルほどで、その頭部は大きく、そして尾が長かった。チャールス・ダーウィンに献じられたその名前は、先発の翼竜類と後発の翼竜類の間に位置する翼竜に相応しい。

大きな頭で短い尾

「頭部が大きく、尾が短い翼竜たち」には、大型種が多い。その中でもアメリカに分布する白亜紀後期の地層から化石が発見されている「ケツァルコアトルス」は、「史上最大の翼竜類」の一つとして知られる。その翼開長は、実に10メートルに達した。現代の空を飛ぶセスナ機並みの大きさである。ちなみに、「史上最大の翼竜類」であると同時に、「史上最大の飛行動物」でもある。生命史においてその存在は異様を放っている。

ケツァルコアトルスの大きな頭部は、その骨を見ると大きな空隙が空いており、見た目ほど重くはない。また、口には歯がなかった。これは、ケツァルコアトルスに限らず、「頭部が大きく、尾が短い翼竜たち」の多くに共通する特徴である。

飛べなくても大丈夫？

ケツァルコアトルスのような超大型種は、実は飛行動物ではなかったのではないか、という指摘がある。あまりにも巨体で、空を飛べなかったのではないか、というわけだ。

この場合、ケツァルコアトルスのような超大型種は、翼を持ちながらも、翼についている前足をしっかりと地面につき、地上を四足で歩いていたとみなす。独特な歩行スタイルである。

……とはいえ、地上を歩いていたとしても、そこは超大型種。かなりの存在感を示す大きさであり、小型・中型の恐竜類にとっては脅威的だったとされる。「飛べない鳥」ならぬ「飛べない翼竜類」の彼らは、大型の〝地上性捕食者〟として、活動していたのかもしれない。

なお、これはあくまでも仮説の一つ。実際のところ、とくに超大型の翼竜類の生態に関しては謎が多い。なにしろ、その骨は中空で壊れやすく、発見されている化石の多くが部分的で、数が少ないのだ。しっかりとした検証がなされるためには、今少しの時間と多くの化石が必要だ。

偽鰐類（ぎがくるい）
Pseudosuchia

前恐竜時代は僕らの時代

史上最大級の大陸で

今から約2億５２００万年前、「中生代」が始まった。

このとき、地球上の大陸はすべて地続きだった。歩いて世界中を旅することができた。この超大陸の名前を「パンゲア」という。

パンゲア時代のヨーロッパからグリーンランド、そして、南アメリカ大陸など、かなりの広範囲に暮らしていた爬虫類に「アエトサウルス類」と呼ばれるグループがいた。

アエトサウルス類は、「アエトサウルス」に代表される植物食爬虫類のグループだ。

アエトサウルスの全長は１・５メートルほど。頭部をのぞくほぼ全身を骨の装甲で覆っていた。装甲のない頭部は、からだの割には小さく、吻部（ふんぶ）はシュッと尖り、口にはシンプルな形状の歯が並ぶ。

王者たるもの似るものです

アエトサウルス類は、「偽鰐類（ぎがくるい）」と呼ばれるより大きなグループに属している。

中生代の最初の時代にあたる三畳

アエトサウルス
サウロスクス
ファソラスクス

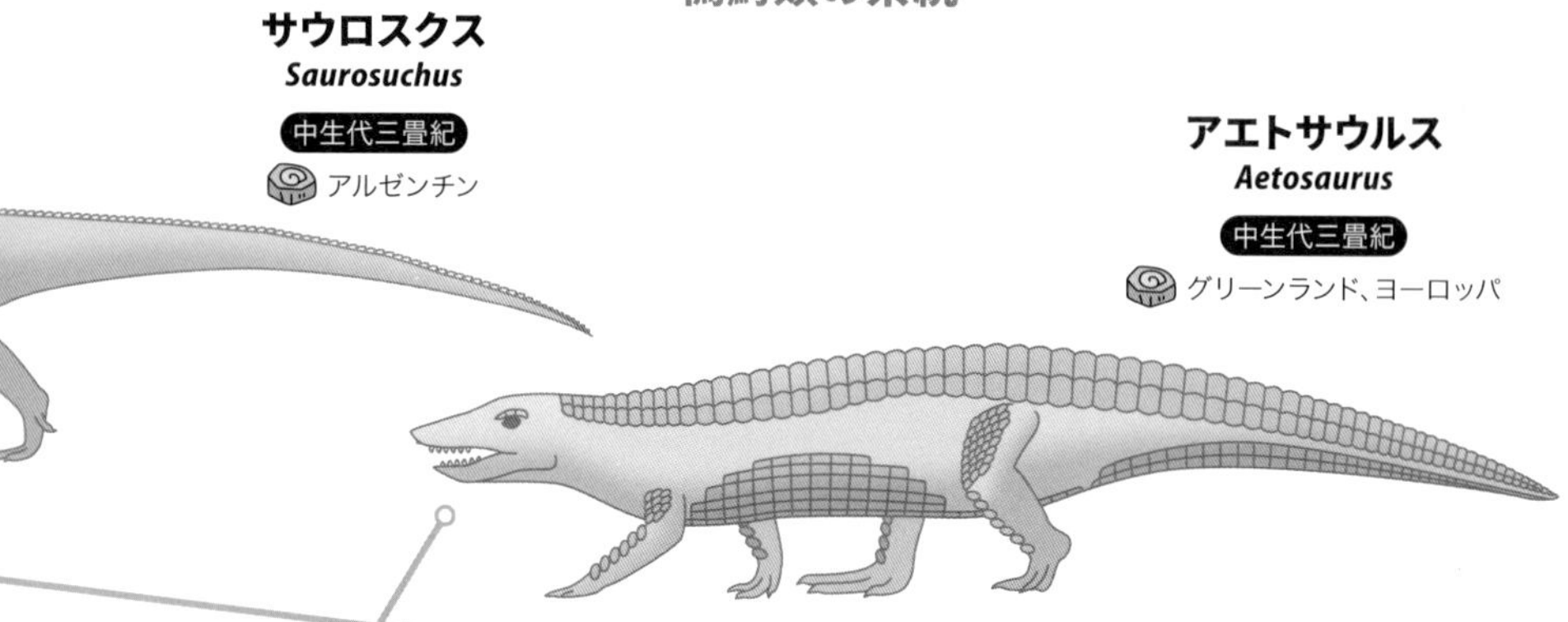

紀は、偽鰐類の多様化が進んだ時代でもある。

アエトサウルス類は、偽鰐類の中では最初期のグループの一つにあたる。そして、アエトサウルス類よりも〝数歩進んだ存在〟として位置づけられている大型の肉食性偽鰐類が「サウロスクス」だ。

サウロスクスは、アルゼンチンやブラジル、モロッコなどから化石が発見されている。長さ70センチメートルにもなる頭骨をもち、全長は6メートルとも7メートルともいわれている。大きな頭骨には高さも幅もあり、がっしりとした口には太く鋭い歯が並ぶ。四肢をからだの下に向かってまっすぐに伸ばして接地し、後方に向かって長い尾が伸びていた。

サウロスクスが生きていたころ、これほどまでに大きなからだをもつ陸棲動物は少ない。恐竜類は出現していたけれども、サウロスクスに対抗できるほどの種は存在していなかったか、あるいは少数だったとみられている。

事実上、サウロスクスは、陸上生態系の頂点にいたのだ。

サウロスクスよりも2000万年以上遅れてアルゼンチンに出現した「ファソラスクス」は、サウロスクスとよく似た風貌をもつものの、その大きさは圧倒的に大きかった。全長10メートル。のちの時代に登場する大型の肉食恐竜たちと比較しても、なんら遜色のないサイズである。

サウロスクスやファソラスクスは、四足歩行ではあるものの、とくにその頭部は、「肉食恐竜の帝王」として名高い「ティラノサウルス」とよく似ている。偽鰐類と恐竜類は別の

Nesbitt et al.（2013）を参考に作図

爬虫類グループだけれども、〝大型の覇者〟としての姿が似ていたのかもしれない。別グループであっても姿の似た種が出現することを「収斂進化」という。

偽鰐類だけど、鰐も含みます

遅くとも三畳紀末までに、サウロスクスやファソラスクスに近縁の偽鰐類グループとして、ワニ型類が登場した。ワニ型類は、現生のワニ類へとつながる系譜である。

そう、偽鰐類は、「偽」鰐類だけれども、〝本当のワニ類〟もここに含まれる。

その後、偽鰐類は、ワニ型類以外のすべてのグループが滅んだ。アエトサウルス類もサウロスクスやファソラスクスの仲間もすべてが姿を消した。三畳紀末のことである。

彼らに代わるように、とくに内陸域で勢力を強めていくグループこそが、恐竜類だ。偽鰐類から恐竜類へ。三畳紀からジュラ紀に変わる時、〝覇者の交代〟があったのだ。一方、偽鰐類の生き残りであるワニ型類は、〝水際の世界〟を中心に栄えていくことになる。

カメ類（るい）
Testudines

守りを固めました

「ひたすら防御」という進化

〝珍しい進化〟を成し遂げたグループがある。

「カメ類」だ。

カメ類が成し遂げた（あるいは、成し遂げている）進化は、「防御の進化」。カメ類の進化には、〝守ること〟に特化した流れをみることができる。

恐竜類の登場よりも少し前、中生代三畳紀中期の約2億4000万年前のドイツに、「パッポケリス」と名付けられた陸棲爬虫類がいた。パッポケリスは、カメ類ではないけれども、カメ類に近縁とされる存在だ。大きさは、全長20センチメートルほど。甲羅はもっていない。しかし、〝甲羅になりかけている〟とみられる肋骨をもっていた。

恐竜類の登場より少し後の中生代三畳紀後期の約2億2000万年前の中国に「オドントケリス」が出現した。オドントケリスはカメ類ではあるものの、腹側にしか甲羅をもっていなかった。背中は〝剥き出し〟だったのだ。なお、オドントケリスが陸棲種であったのか、水棲種であったのかは、研究者によって意見

パッポケリス
オドントケリス
プロガノケリス

が分かれている。

オドントケリスのいた時期より少しあと、三畳紀後期の約2億1000万年前のドイツに「プロガノケリス」が現れた。プロガノケリスは、どこから見てもカメ類で、しっかりとした甲羅をもっていた。四肢も丈夫な陸棲種である。ただし、甲羅に四肢や頭部などを収納することはできなかった。

その後、カメ類にはウミガメの仲間が登場し、甲羅に四肢を収納できる仲間も登場する。現生のハコガメの仲間（*Cuora*属）ともなれば、四肢と頭部などを収納したうえで、その収納部分に蓋をすることもできる。徹底的な防御。

カメ類はその進化によって、今日まで命脈をつないでいる。

主なカメ類

ヘビ類（るい）
Serpentes

脚なんて飾りです？

テトラポッドフィス
ナジャシュ
ティタノボア

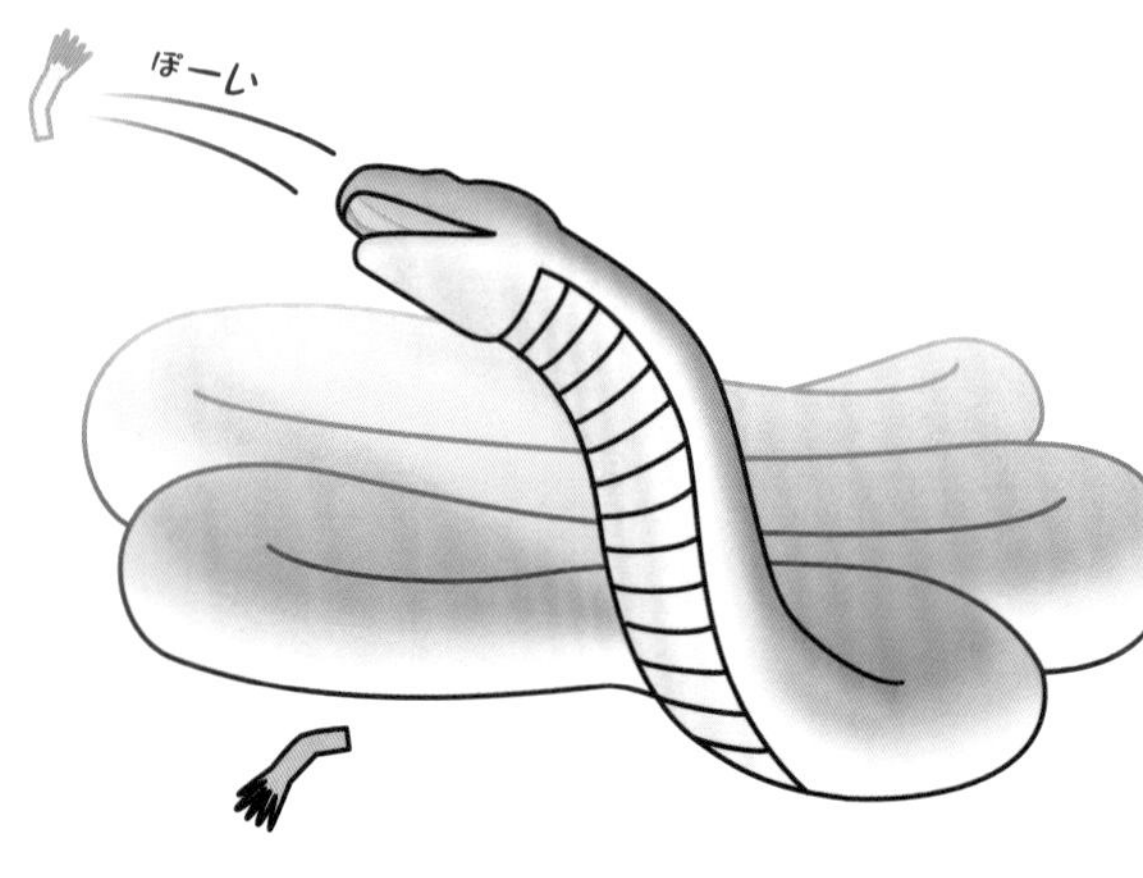

トカゲとはちがうのだよ

「ヘビ」といえば、「四肢がなく、細長いからだを特徴とする爬虫類」だ。おそらくほとんどの読者が、「ヘビ」と聞いてその姿を思い浮かべることができるにちがいない。

ヘビの〝無足〟は、二次的なものだ。もともとは、トカゲのような姿の動物がいて、進化によって脚を失い、今日の姿になったとされる。

そんな初期のヘビの姿は、ブラジルに分布する白亜紀前期の地層から化石が発見された「テトラポッドフィス」に見ることができる。全長20センチメートルほどのこの爬虫類は、細長い胴に、細くて短い四肢を備えていた（ただし、テトラポッドフィスを「ヘビ」と分類してよいかどうかは議論がある）。

ヘビの祖先は、四肢を失う前に、まずからだを細長く伸ばした。そのことをテトラポッドフィスは物語っている。

その後の進化は、アルゼンチンの白亜紀前期の地層から化石が発見されている「ナジャシュ」などに見ることができる。このヘビには、小さな後脚があった。前脚はない。

つまり、細長く進化したヘビは、次に前脚を消失し、そして後脚を失って、私たちのよく知る姿となったわけだ。

脚がなくてもどうということはない

「四肢を失う」というヘビ類の進化は、その後、とんでもない大型種を生み出すことになる。

新生代古第三紀のコロンビアに出現したそのヘビは、全長13メートル、体重1トン超という巨体だ。その名は、「ティタノボア」。ワニさえ飲み込んでいたのではないか、とされる超大型種だ。「大きいは強い」という自然界の原則にたてば、これほどの強者もなかなかおるまい。

現在の地球では、ティタノボアほどの大型種は確認されていない。しかし、ヘビの仲間は世界中のさまざまな場所に生息し、合計3500種以上という繁栄を築いている。

ヘビ類における脚の喪失

テトラポッドフィス
Tetrapodophis
中生代白亜紀
ブラジル

ナジャシュ
Najash
中生代白亜紀
アルゼンチン

ティタノボア
Titanoboa
新生代古第三紀暁新世
コロンビア

モササウルス類(るい)
Mosasauridae

短期間で海の王者へ

出遅れたけれど……

「恐竜時代」で知られる「中生代」は、「爬虫類の時代」でもある。陸・海・空のすべてに爬虫類が進出し、繁栄した。

このうち、海に進出した爬虫類には、俗に「中生代の三大海棲爬虫類」と呼ばれる三つのグループがある。102ページで紹介する「魚竜類」のほか、「クビナガリュウ類」「モササウルス類」がこれに当たる。

このうち、最も早い段階に出現したのは魚竜類で、中生代が始まってほどなく現れた。次いでクビナガリュウ類も中生代の開幕から500万年以内に登場している。

モササウルス類は、先行した2グループから1億年前後も遅れた。仮に現在から1億年前といえば、ティラノサウルスやトリケラトプスがいた時代よりもさらに3000万年以上昔となる。モササウルス類の〝出遅れ感〟が、いかに〝大きいモノ〟だったのかがわかるだろう。

「クリダステス」は、そんなモササウルス類において初期に出現した種類の一つ。アメリカやスウェーデン

クリダステス
プログナソドン
モササウルス

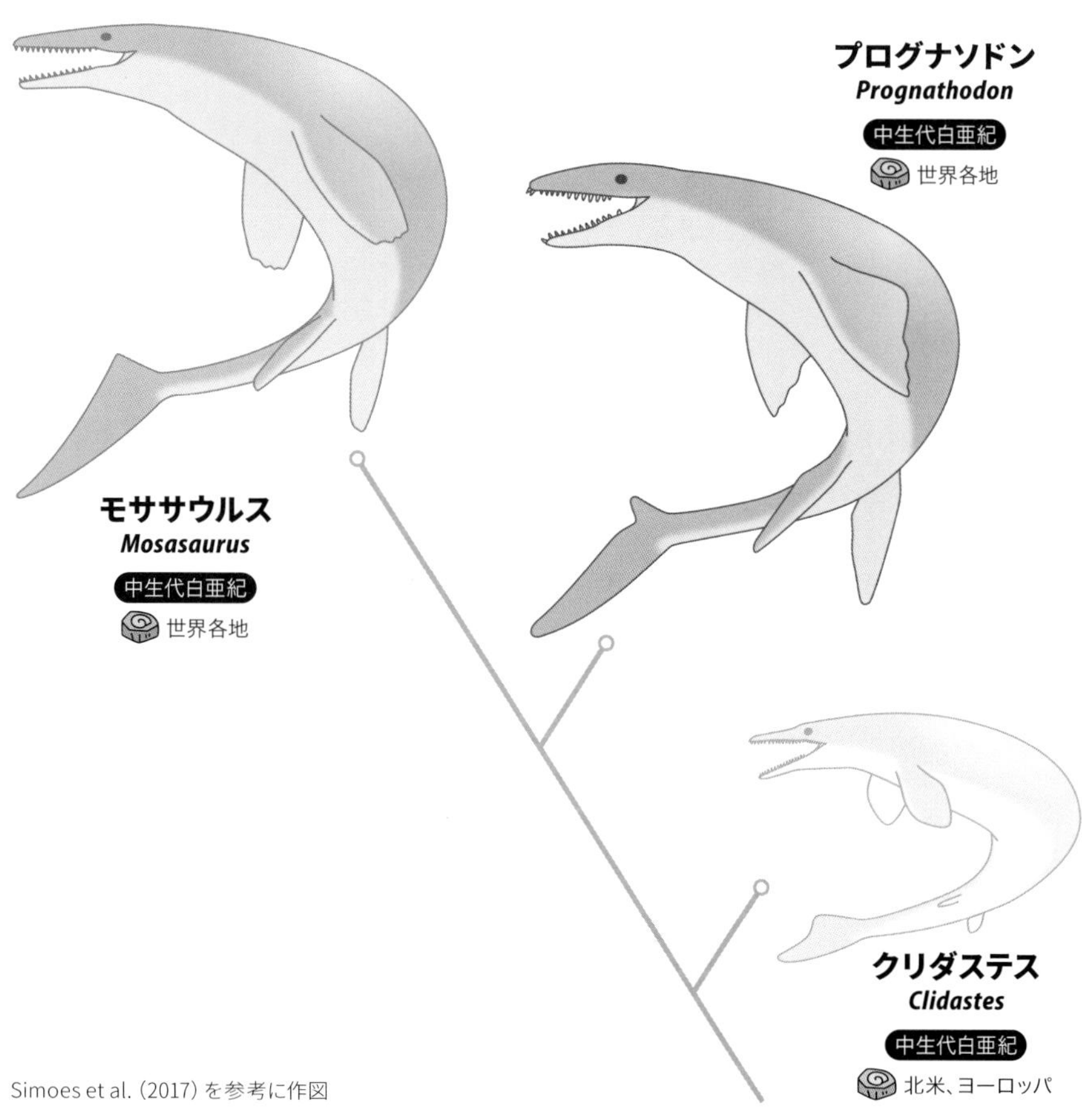

Simoes et al. (2017) を参考に作図

などに分布する中生代白亜紀後期の初頭、約8500万年前〜約8000万年前の地層から化石が発見されている。

長い胴体にヒレとなった四肢を備え、尾の先には尾ビレがある……というモササウルス類の〝基本体型〟は、すでにクリダステスの段階で獲得されている。

クリダステスのサイズは、全長3メートルの個体がほとんど。大きな個体でも5メートルには達しない。

クリダステスだけをみれば、「中生代の三大海棲爬虫類」の一翼を担うとはとても思えない（三大の「大」は、からだのサイズを指してのものではないけれど）。生態系における強者でもなく、大型のサメに襲われていたとみられている。

大きく、強く

モササウルス類の歴史は、（他の動物群がそうであるように）けっして〝強者〟で始まったわけではなかった。しかし、このグループは、短期間で生態系を上り詰める。

クリダステスの登場とほぼ同じか、数百万年ほどののちに出現した「プログナソドン」に、その強さの片鱗を見ることができる。

アメリカやヨーロッパ、中東地域などの広範囲から化石が発見されているこのモササウルス類は、世界各地に化石産地が点在しているという事実だけでも当時の繁栄ぶりを窺うことができる。

プログナソドンは、全長10メートルに達する巨体をもっていた。クリダステスの2～3倍のサイズだ。10メートル級ともなれば、〝立派な大型種〟である。頭骨だけでも1メートルの長さがあった。そして、その顎はがっしりとしており、太い歯が並んでいた。胃の内容物を分析した研究によると、ウミガメや頭足類（おそらくアンモナイト）でさえ、バリボリと砕いて食べていたとみられている。生態系の上位者だった。強い。

そして、プログナソドンから数百万年後の白亜紀最末期には、グループの代表である「モササウルス」が登場する。

モササウルスは、頭骨だけで1・6メートルはあるという大型種で、全長は15メートルに及んだとされる。力強い顎と歯を備え、名実ともに覇者級だった。

それでも滅ぶ

クリダステスの登場からモササウルスまでわずか2000万年強である。モササウルス類は、この短期間で生態系を駆け上った。

彼らが獲得したのは〝強さ〟だけではない。貝食に特化した種、淡水に進出した種など、多様性にも富んでいた。

……にもかかわらず、6600万年前に勃発した大量絶滅事件で、その全てが姿を消している。中生代が終わり、新生代が始まった時、生きていたモササウルス類はいなかったのだ。

鰭竜類（きりゅうるい）
Sauropterygia

〝日本古生物界〟の人気者へ

〝国産古生物〟知名度ナンバー1!?

いわゆる「中生代の三大海棲爬虫類」のうち、日本で最も有名なのは、「クビナガリュウ類」かもしれない。

小さな頭、長い首、樽を潰したような胴体にヒレ化した四肢。そして、首と比べて短い尾。

このグループの知名度が高いのは、ドラえもんの映画などでおなじみの「フタバスズキリュウ」のおかげ、といっても過言ではないだろう。

フタバスズキリュウという名前は、日本だけで通用する「和名」だ。学術的な名前は、「フタバサウルス・スズキイ」。全長は最大で9・2メートルに達すると見積もられている。白亜紀後期半ば（約8580万年前～約8350万年前）の日本近海に生息していた。

なお、クビナガリュウ類は、「リュウ（竜）」という文字を使うけれども、恐竜類とは関係のないグループだ。

はじまりの〝饅頭〟

クビナガリュウ類を含むより大きな海棲爬虫類のグループを「鰭竜（きりゅう）

プラコダス
ノトサウルス
プリオサウルス
フタバサウルス

類」という。「竜」という文字を（以下略）。

鰭竜類の原始的なグループに、「プラコドン類」あるいは「板歯類」と呼ばれる海棲爬虫類がいた。三畳紀のヨーロッパや北アフリカにあったテチス海で栄えたグループだ。

プラコドン類の代表は、ドイツなどから化石が発見されている「プラコダス」。

プラコダスの全長は、1・5メートルほど。ちょっと小太りなからだと長い尾をもっていた。四肢はヒレ化していない。歯の形が独特で、饅頭を潰した板のようになっていた。日本語の「板歯類」は、この歯の形状にちなむものだ。

首の長くなりはじめ

鰭竜類の進化は、三畳紀にいっきに進んだ。数千万年の間に、いくつものグループが生まれ、多くの種が登場し、滅んでいった。

その中の一つが、「ノトサウルス類」だ。代表は、ヨーロッパから多数の化石が発見されている「ノトサウルス」。

ノトサウルスは、全長3メートル。口の歯は〝普通に〟鋭く、首はやや長い。クビナガリュウ類の〝片鱗〟が見え始める一方で、四肢にはまだ指があり、尾も長かった。

もう一つの〝クビナガリュウ〟

ジュラ紀以降の海で確認できる鰭竜類は、クビナガリュウ類だけだ。

もっとも、クビナガリュウ類だからといっても、すべてが「首が長い」というわけではない。

例えば、全長6メートルを超える

フタバサウルス
Futabasaurus
中生代白亜紀
日本
プリオサウルス
Pliosaurus
中生代ジュラ紀
アルゼンチン、ヨーロッパ、ロシアなど
ノトサウルス
Nothosaurus
中生代三畳紀
ヨーロッパ、中東、中国など

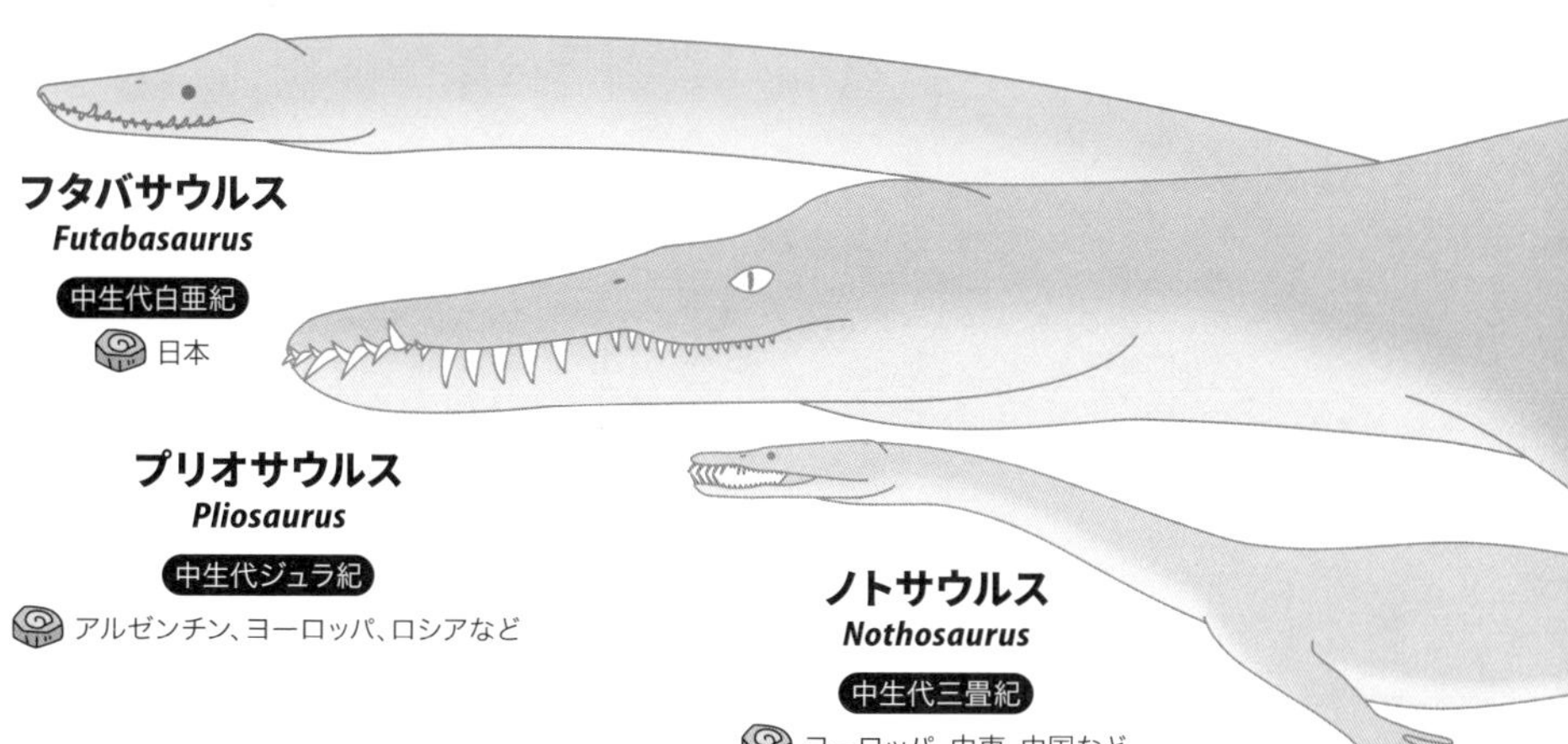

鰭竜類の系統

フタバサウルス
Futabasaurus
プリオサウルス
Pliosaurus
ノトサウルス
Nothosaurus
プラコダス
Placodus

Wintrich et al. (2017) を参考に作図

「プリオサウルス」とその近縁種は、大きな頭部と短い首をもち、海洋世界の上位に君臨していたとみられている。

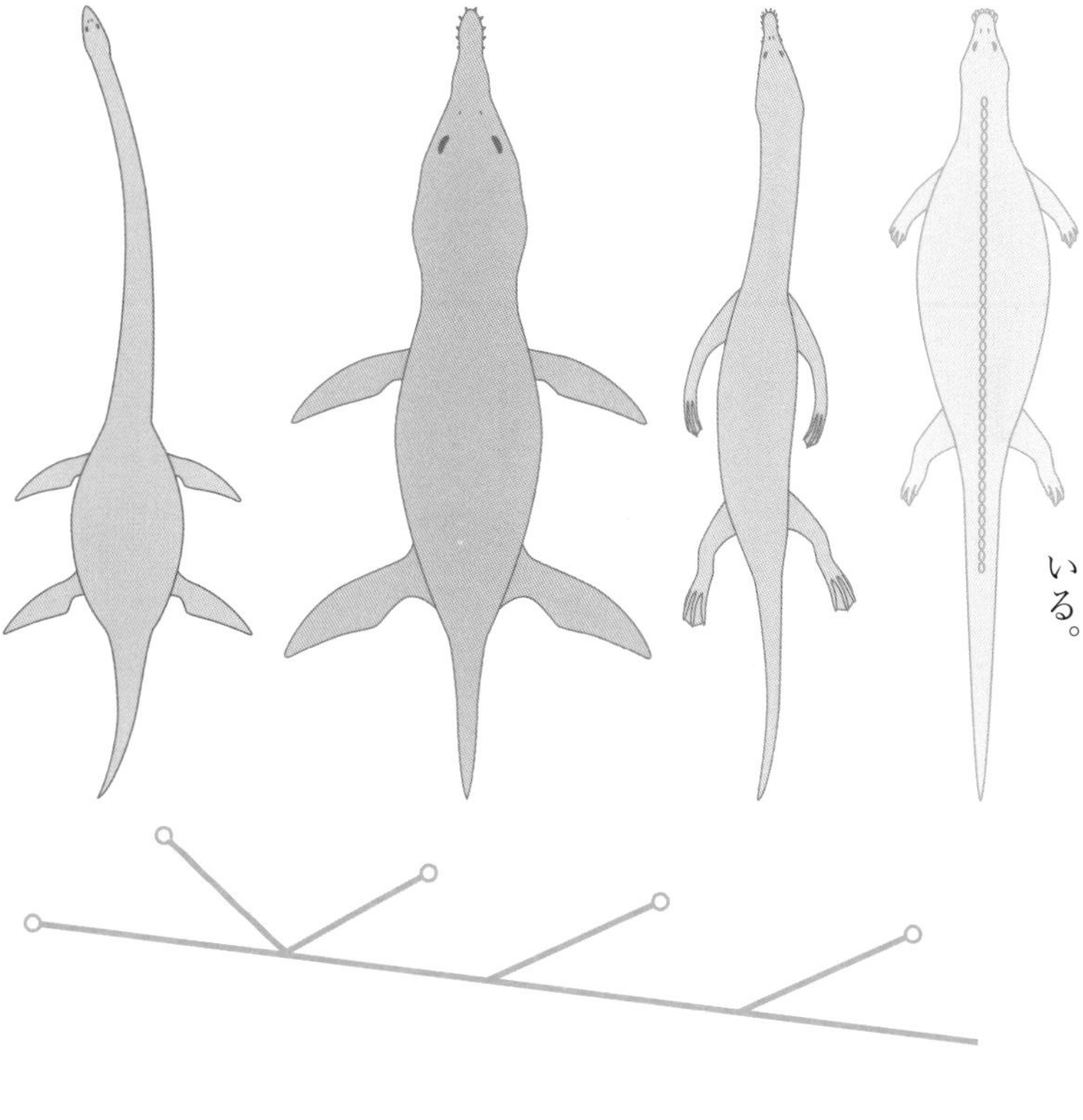

ぎょりゅうるい
魚竜類
Ichthyosauria

イルカに似てるんじゃない。イルカが似ているんだ！

カートリンカス
ウタツサウルス
ショニサウルス
ステノプテリギウス

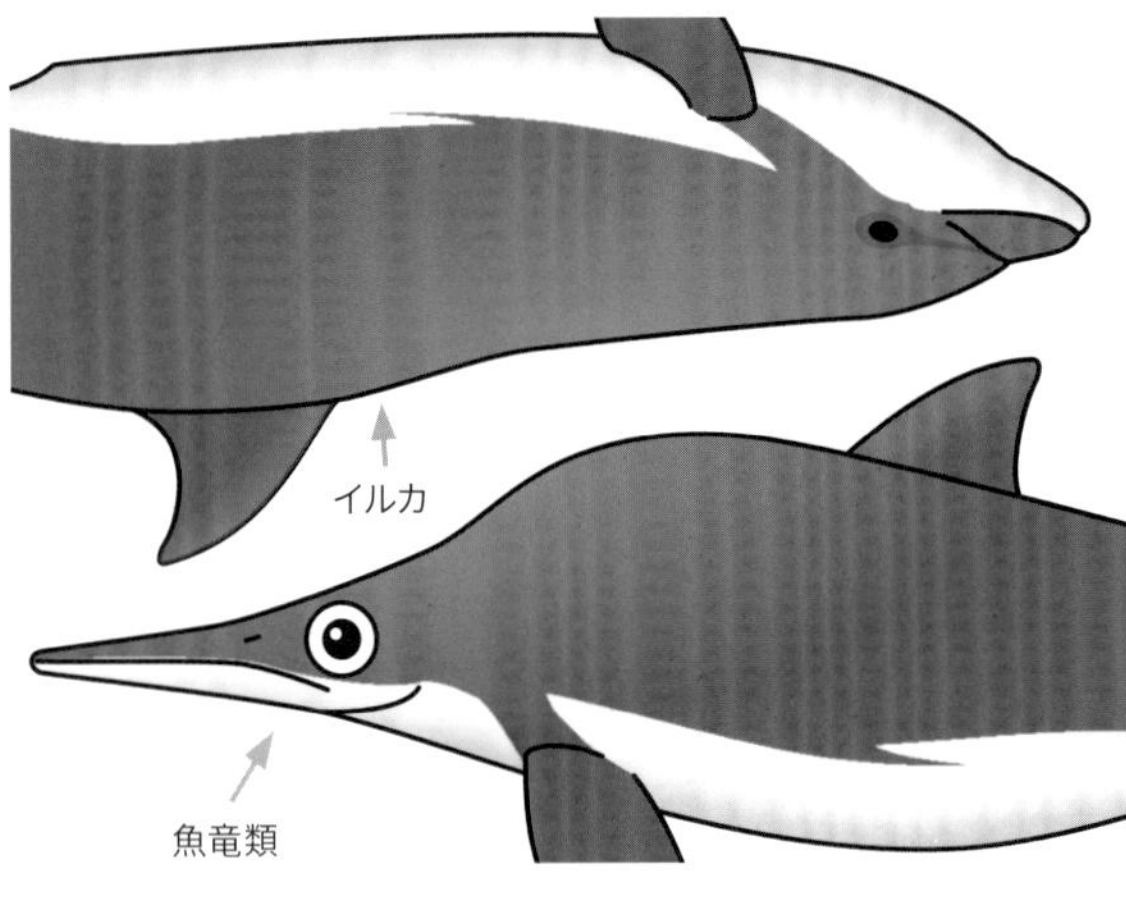

恐竜じゃない

約2億5200万年前に始まり、約6600万年前に終わった中生代は、「爬虫類の時代」と呼ばれる。……「恐竜の時代」と呼ばれることもあるけれども、実際のところは、「爬虫類の時代」だ。恐竜類だけではなく、空には翼竜類が飛び交い、陸ではワニ類とその仲間が恐竜類と覇を競い、カメ類、ヘビ類といった現生の爬虫類グループも出現した。海には、魚竜類、クビナガリュウ類、モササウルス類が出現し、〝我が世の春〟を謳歌していた。

このうち、翼竜類、魚竜類、クビナガリュウ類には、「竜（リュウ）」という言葉が使われている。しかし、これらのグループは、いずれも恐竜類とは別のグループである。

端的に書けば、恐竜類は「あしがまっすぐ体の下にのびる」ことを特徴の一つとする爬虫類だ。翼竜類にも、魚竜類にも、クビナガリュウ類にもこうした特徴はない。

今回は、そんな〝竜〟の中から、魚竜類がテーマ。現生哺乳類のイルカに似た姿をもつ海棲爬虫類だ。

魚竜類の系統

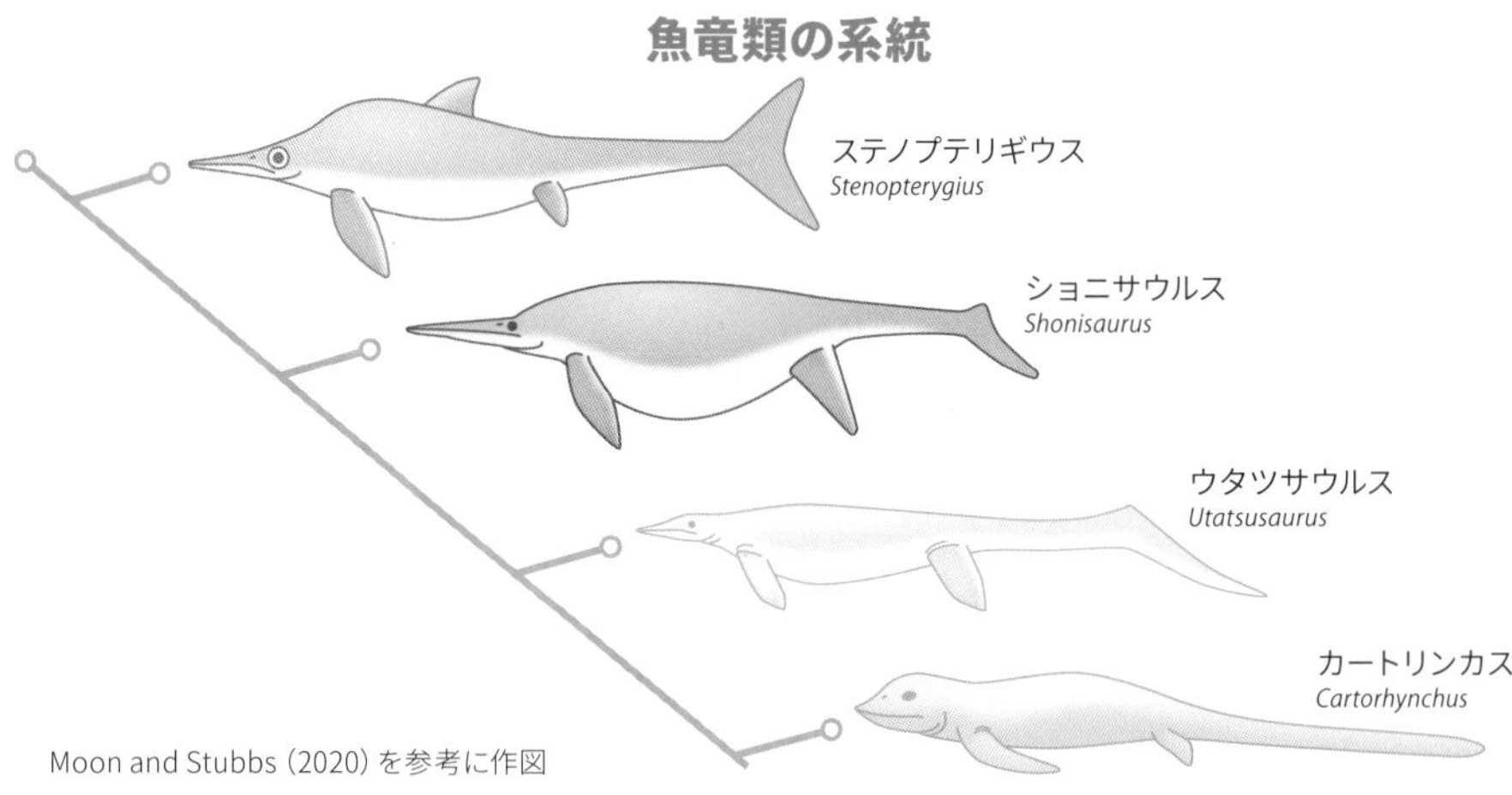

Moon and Stubbs（2020）を参考に作図

イルカ型へ

魚竜類は、イルカに似た姿をもつ海棲爬虫類だけれども、その進化の歴史の最初からイルカに似た姿をしていたわけではない。

中生代三畳紀の初頭、約2億4800万年前の中国に出現した全長40センチメートルほどの魚竜形類（*Ichthyosauriformes*）である「カートリンカス」は、その姿はイルカというよりは、アシカの仲間を彷彿とさせる（長い尾こそあるが）。頭部は寸詰まりで、ヒレには関節があり、アシカなどの鰭脚類にみられる鰭脚に近い。その生態は、水陸両棲だったとみられている。なお、カートリンカスは魚竜類に近縁だけれども、魚竜類そのものではない、と位置付けられている。

ほぼ同時期の日本に出現した「ウタツサウルス」が、魚竜類としては最古級の存在だ。その名前は、この魚竜類の化石が発見された宮城県南三陸町の旧町名の一つである「歌津」にちなむ。

ウタツサウルスの大きさは2メートルほど。現生のメバチやキハダなどとほぼ同じ大きさ。

カートリンカスと比べると、ウタツサウルスはたしかに*イルカに似ている*。しかし、実際にイルカと比べると*だいぶちがう*。ウタツサウルスの胴体は細長く、尾ビレは「三日月の下半分」といった程度だった。「鰭脚の生えたトカゲ」と評されることもある。イルカのような背ビレは確認されていない。

魚竜類は、三畳紀初頭から白亜紀半ばまで1億4000万年以上の

〝長寿〟を誇るグループだ。その多様化は、三畳紀にいきなり進んでいた。

約2億1700万年前〜約1600万年前の三畳紀後期のカナダに登場した「ショニサウルス」は、ウタツサウルスより進化的な存在。その姿はイルカに似てきているものの、腹部がでっぷりとしていたとされ、デカい。全長は21メートルに達したと推測されている。イルカというよりは、クジラサイズの魚竜類である。なにしろ、現生のザトウクジラ(*Megaptera novaeangliae*)よりも大きいのだ。

約2億100万年前になると、時代はジュラ紀に移る。この時代の魚竜類は、かなりイルカっぽい。

ショニサウルス
Shonisaurus
中生代三畳紀
北アメリカ、イタリア

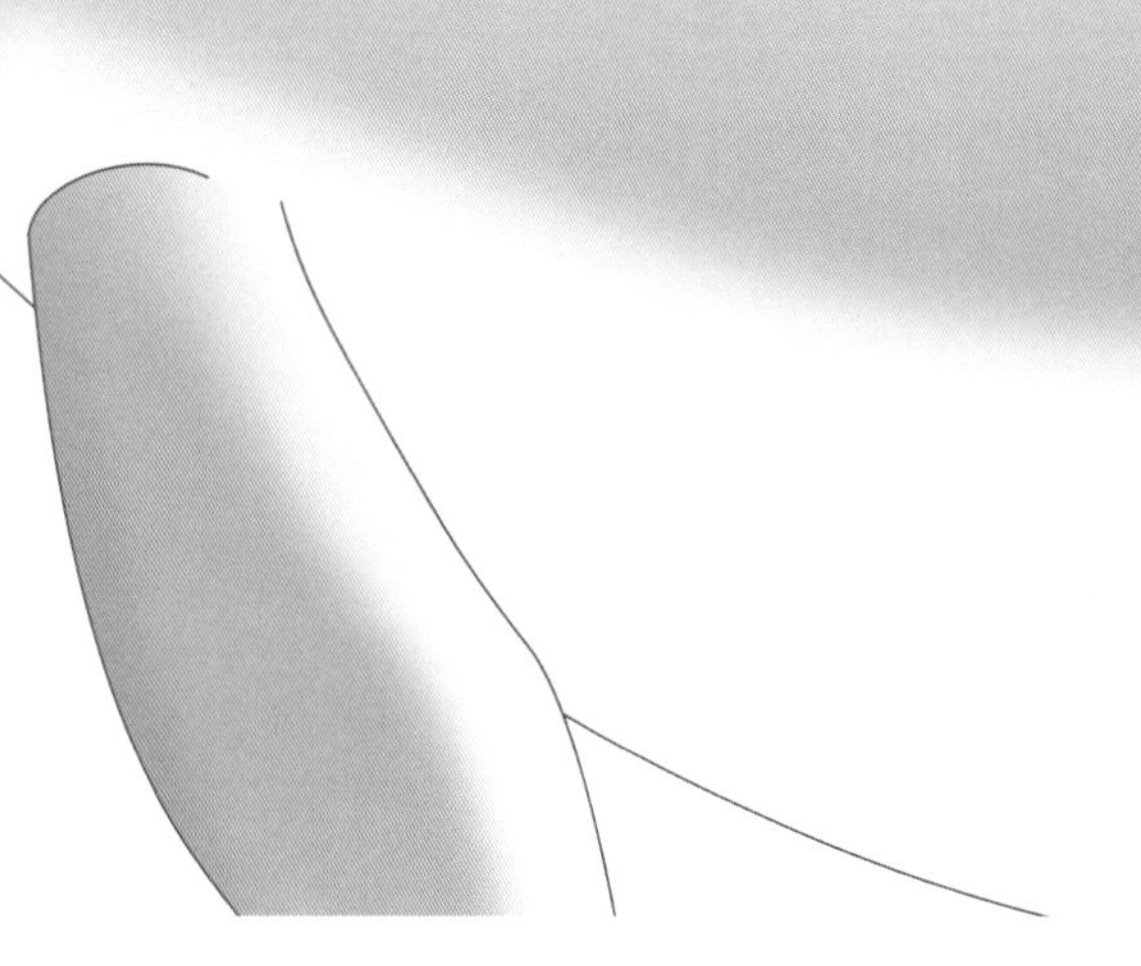

たとえば、ジュラ紀前期のヨーロッパに出現した「ステノプテリギウス」は、全長3・7メートルほどで、イルカに似た流線型のからだをもち、イルカに似て吻部は細く突出し、イルカのものに似た三角形の背ビレをもち、イルカに似た三日月型の尾ビレをもっていた。ただし、イルカの尾ビレは、体軸に対して水平だけれども、ステノプテリギウスの尾ビレは垂直だった。

形が似るということ

先ほどから「イルカに似た」「イルカのような」「イ

ルカっぽい」という表現を連呼してきたが、これはあくまでも〝現生種の目線〟である。生命の歴史からみれば、イルカの登場は、魚竜類の絶滅よりもずっとのちのこと。両グループには数千万年の時が開いている。魚竜類の方が、大先輩なのだ。

だから、本当は、イルカにこそ「魚竜類に似た」という表現を使うべきかもしれない。

そもそも「イルカ」は、小型のハクジラ類を指す言葉であり、鯨偶蹄類の一員で、哺乳類である。一方の魚竜類は爬虫類だ。両グループには祖先・子孫の関係はない。

異なるグループの動物が、進化によって姿が似ることを「収斂進化」という。イルカと魚竜類の場合、「水の中を高速で泳ぐ」という生態が、収斂進化を招いたとみられている。その意味では、現生のマグロやサメの仲間とも似ている、といえるかもしれない。

ステノプテリギウス
Stenopterygius
中生代ジュラ紀
ヨーロッパ

ウタツサウルス
Utatsusaurus
中生代三畳紀
日本

カートリンカス
Cartorhynchus
中生代三畳紀
中国

コリストデラ類（るい） Choristodera

ボクら、ワニじゃありません。

チャンプソサウルス
シモエドサウルス
ラザルスクス

知っているか否か。それが問題だ

「コリストデラ類」という爬虫類グループがいた。大きな種では全長5メートルサイズという、なかなか存在感の強い淡水性爬虫類だ。

しかし、なぜか、その知名度は高くない。

コリストデラ類の存在を知っているか否か。

それは、〝古生物沼へのハマり具合〟を推し量る、一つの指標になるかもしれない。

コリストデラ類を一言で表せば、「ワニに似たワニではない爬虫類」だ。「ワニと異なる特徴」は、わかりやすい点で次の二つ。

一つは、真上から見たときの後頭部が「ハート型」になっていること。

もう一つは、口の裏（上顎の裏）に、「口蓋歯（こうがいし）」と呼ばれる細かな歯が並んでいることだ。

大量絶滅を乗り越えました

コリストデラ類は中生代ジュラ紀に登場し、新生代新第三紀まで生き延びたという、なかなか〝長寿〟のグループである。

このグループの代表は、北アメリカやヨーロッパの中生代白亜紀の地層と、新生代古第三紀の地層から化石から化石が発見されている「チャンプソサウルス」。全長は4メートルに達し、吻部が細長く、どことなく現生ワニ類のガビアルの仲間に似る（似るけれども、後頭部はハート型だ。念のため）。白亜紀と古第三紀の両方から化石が発見されているということは、鳥類をのぞく恐竜類を滅ぼした大量絶滅事件を生き延びた、ということになる。しぶとい。

ヨーロッパの古第三紀の地層から化石がみつかる「シモエドサウルス」も代表的な存在。こちらは全長5メートルに達した。風貌はチャンプソサウルスに似る。

もう一つ、〝最後まで生き残っていたコリストデラ類〟として、全長40センチメートルほどの「ラザルスクス」も挙げておこう。こちらは、どことなくトカゲに似た風貌の持ち主だ（トカゲに似ているけれども、後頭部はハート型。念のため）。

知名度が低く、研究者も少ないコリストデラ類。まだ謎だらけのグループだ。それだけに、今後の展開が楽しみでもある。

主なコリストデラ類

チャンプソサウルス
Champsosaurus

中生代白亜紀〜新生代古第三紀

北米、ヨーロッパ

シモエドサウルス
Simoedosaurus

新生代古第三紀

アメリカ、フランス、カザフスタン

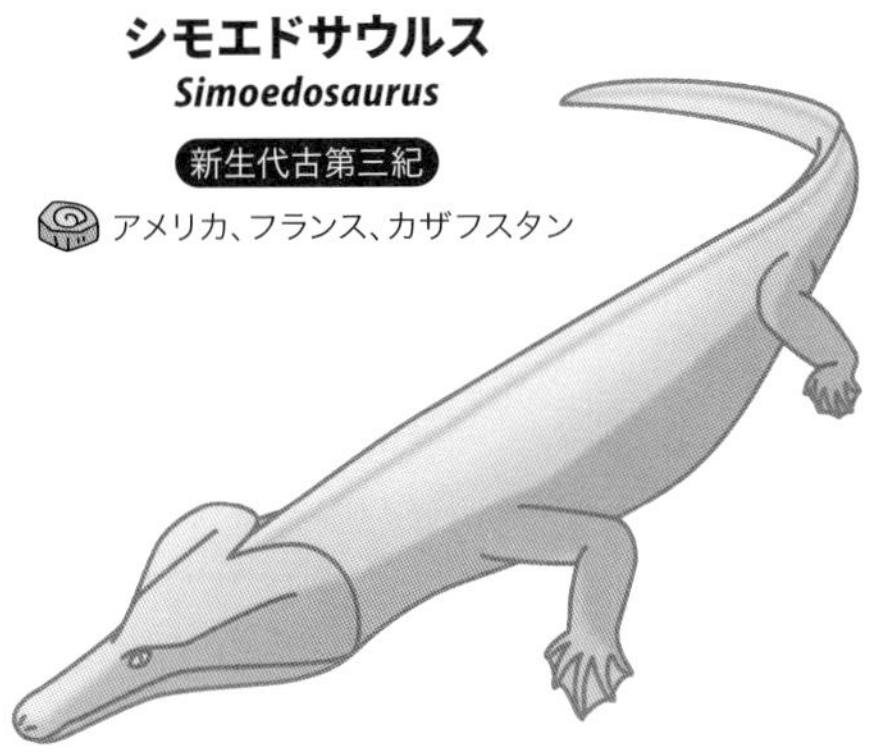

ラザルスクス
Lazarussuchus

新生代古第三紀〜新第三紀

ヨーロッパ

ノトスクス類
Notosuchidae

ボクらは、ワニの仲間です。

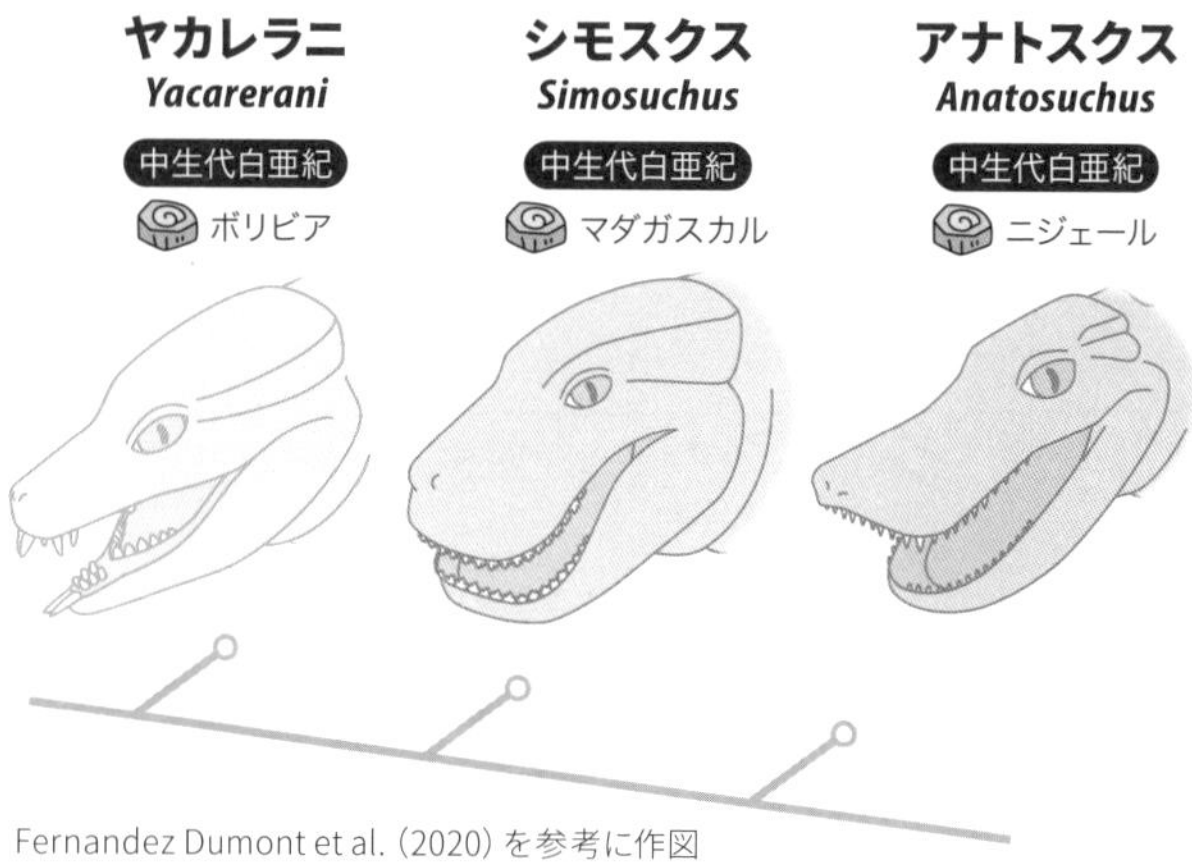

ヤカレラニ
Yacarerani
中生代白亜紀
ボリビア

シモスクス
Simosuchus
中生代白亜紀
マダガスカル

アナトスクス
Anatosuchus
中生代白亜紀
ニジェール

Fernandez Dumont et al.（2020）を参考に作図

"ワニの仲間"のもう一つ"可能性"

ワニ類とその仲間で構成される偽鰐類（89ページ）には、ワニ類の系譜とは分かれ、独自の進化を遂げたグループがあった。

白亜紀の内陸で栄えたそのグループは、「ノトスクス類」と呼ばれている。このグループには、印象深い"顔"をもつものが多い。

アフリカ西部のニジェールから化石が発見されている全長70センチメートルほどの「アナトスクス」は、ノトスクス類としては原始的。その吻部は、アヒルのくちばしを彷彿とさせるほどに幅広く、薄い。

マダガスカルの地層から化石が発見されている全長75センチメートルほどの「シモスクス」は、やや進化的。その顔は寸詰まりで、現代の小型犬種、「パグ」を彷彿とさせる。

進化的なノトスクス類の一つ、「ヤカレラニ」は、ネズミのような門歯をもっていた。顔つきもネズミっぽい。このノトスクス類は、突起が複数列並ぶという独特の臼歯をもつことでも知られている。

アナトスクス
シモスクス
ヤカレラニ

パレイアサウルス類
Pareiasauridae

重戦車タイプ

恐竜登場前夜の爬虫類

「地質時代の爬虫類」といえば、多くの人々が「恐竜類」を挙げることだろう。恐竜類は、中生代三畳紀に登場し、その後のジュラ紀、白亜紀と7900万年以上にわたって陸上を〝支配〟した。

恐竜類だけではない。中生代においては、空には翼竜類が飛び交い、陸域でも水辺を中心にワニ類の仲間が台頭した。水中世界には、魚竜類、クビナガリュウ類、モササウルス類といったグループが進出。まさに「中生代は爬虫類の時代」だった。

しかし、中生代が始まる前……古生代においては、爬虫類はここまでの〝勢力〟をもっていたわけではなかった。一定の多様性を得ていたものの、世界各地で生態系の〝狩る側の支配者〟ではなかった。

古生代最後の時代、ペルム紀。超大陸パンゲアが構築され、世界中の陸地が地続きだった時代。

北半球から南半球に至る広範囲で、〝狩られる側〟として繁栄を遂げた爬虫類のグループがある。

「パレイアサウルス類」だ。

ブラディサウルス
ブノステゴス
スクトサウルス

最初から重量級

パレイアサウルス類は、植物食爬虫類のグループだ。

このグループの特徴を一言で書くと「どっしり重量級」。前後に寸詰まりのゴツい頭、樽のようにでっぷりとした胴体、がっしりとした四肢をもち、俊敏性とは無縁の姿をしている。

初期のパレイアサウルス類の姿は、ペルム紀半ばの南アフリカに出現した「ブラディサウルス」に見ることができる。

全長2・5メートルほどのこのパレイアサウルス類は、のっぺりとした顔つきで、胸の厚い胴体をもっていた。グループの特徴の一つである「突起のある頭骨」はすでに備えており、とくに下顎にその突起を見ることができる。

初期の種類である「ブラディサウルス」の時点で、すでに重量感を感じるつくりだった。

より進化的とみられるパレイアサウルス類の一つが、ニジェールに分布するペルム紀最末期の地層から化石が発見された「ブノステゴス」だ。

ブノステゴスは、標本長28センチメートルの頭部の化石がよく知られる。それは、頭頂部、眼の上、鼻の上、頬など、顔のあらゆるところがぽっこりと盛り上がっていた。

全身の化石が発見されていないため、ブノステゴスの全長値については不明点が多いものの、ブラディサウルスよりは小柄だったとみられている。また、部分化石の分析からは、このパレイアサウルス類の前脚は比較的まっすぐにのびていたことが示唆されている。

そして、最も進化的とされるパレイアサウルス類が、ロシアに分布するペルム紀最末期の地層から化石が発見されている「スクトサウルス」である。全長は2メートルほど。その姿は、ブラッディサウルスの重量感を〝チョイ増し〟したイメージだ。皮膚表面に多数の皮骨があり、〝戦車感〟は強くなっていた。

スクトサウルスの頭部は、ブノステゴスとはまた違っていた。左右の頬から板状構造が発達し、下顎からは突起が斜め下に2本伸びていた。頭部全体にゴツゴツ感があり、どことなく重戦車といった印象がある。

南アフリカ、ニジェール、ロシアと、超大陸パンゲア各地に点在する化石産地は、パレイアサウルス類の高い適応能力を物語る。彼らは被捕

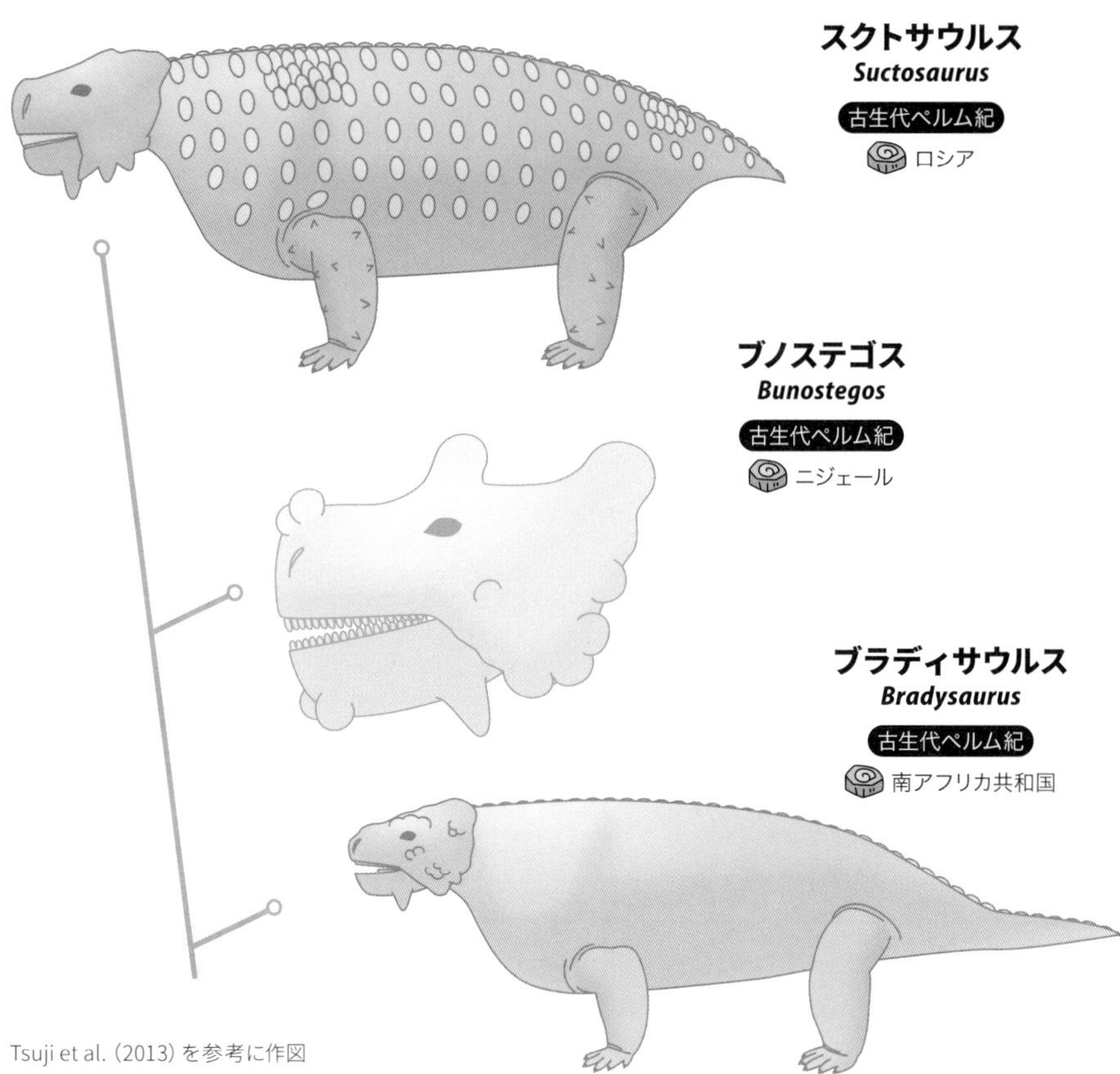

Tsuji et al. (2013) を参考に作図

食者ではあるものの、被捕食者としてたしかな繁栄を築いていたのだ。

おそらくペルム紀末期の世界では、この〝重戦車たち〟がドシドシと歩き回り、そこに狩人たちが襲いかかるという光景が世界中で当たり前のように見ることができたのだろう。

ちなみに、このとき、〝狩人〟として活躍していたのは、52ページで紹介した単弓類である。

無尾類
Anura

尾なんて飾りです？

ゲロバトラクス
トリアドバトラクス
プロサリルス

イモリとの共通祖先

現在の地球で生きている両生類は、「カエルの仲間（無尾類）」「サンショウウオの仲間（有尾類）」「脚なしサンショウウオの仲間（無足類）」の3グループだ。これらをまとめて、「平滑両生類」という。

平滑両生類の3グループのうち、無尾類と有尾類はより近縁で、共通の祖先から枝分かれしたとみられている。

その「共通の祖先」に近いとされている両生類が、古生代ペルム紀に生息していた「ゲロバトラクス」だ。全長11センチメートルほどの大きさで、その姿は有尾類よりは、無尾類に近い。……が、無尾類のように後ろ脚が長いわけではないし、小さくて短い尾をもっていた。

跳べない祖先

ゲロバトラクスの〝無尾類の方向に一歩先進んだ〟に位置づけられている両生類が、中生代三畳紀に出現した「トリアドバトラクス」だ。サイズはゲロバトラクスと同じくらい。見た目はかなり無尾類に近くなっており、頭骨は平たく、真上から見たときの形状は半円形で、そして大きな眼窩が開いていた。

……とはいえ、トリアドバトラクスには、まだ短いとはいえ尾があり、そして、後ろ脚が長いわけではなかった。この〝短い後ろ脚〟では、無尾類のように跳ねて移動することはできない。

脚が長くなりました

ジュラ紀になって初めて「確実に跳躍をしていた」とされる無尾類が登場する。「プロサリルス」だ。全長10センチメートルほどで、ゲロバトラクスやトリアドバトラクスとほぼ同じサイズだ。

プロサリルスは、まさに無尾類である。尾はないし、前脚に比べて、後ろ脚が極端に長かった。

無尾類の祖先は、ペルム紀、三畳紀、ジュラ紀と一つの時代ごとに1ステップずつ進化を進め、その誕生へとつなげてきたのだ。

カエルの後脚と尾の変化

ゲロバトラクス
Gerobatrachus
古生代ペルム紀
アメリカ

トリアドバトラクス
Triadobatrachus
中生代三畳紀
マダガスカル

プロサリルス
Prosalirus
中生代ジュラ紀
アメリカ

コラム
Column

個性はオトナになってから

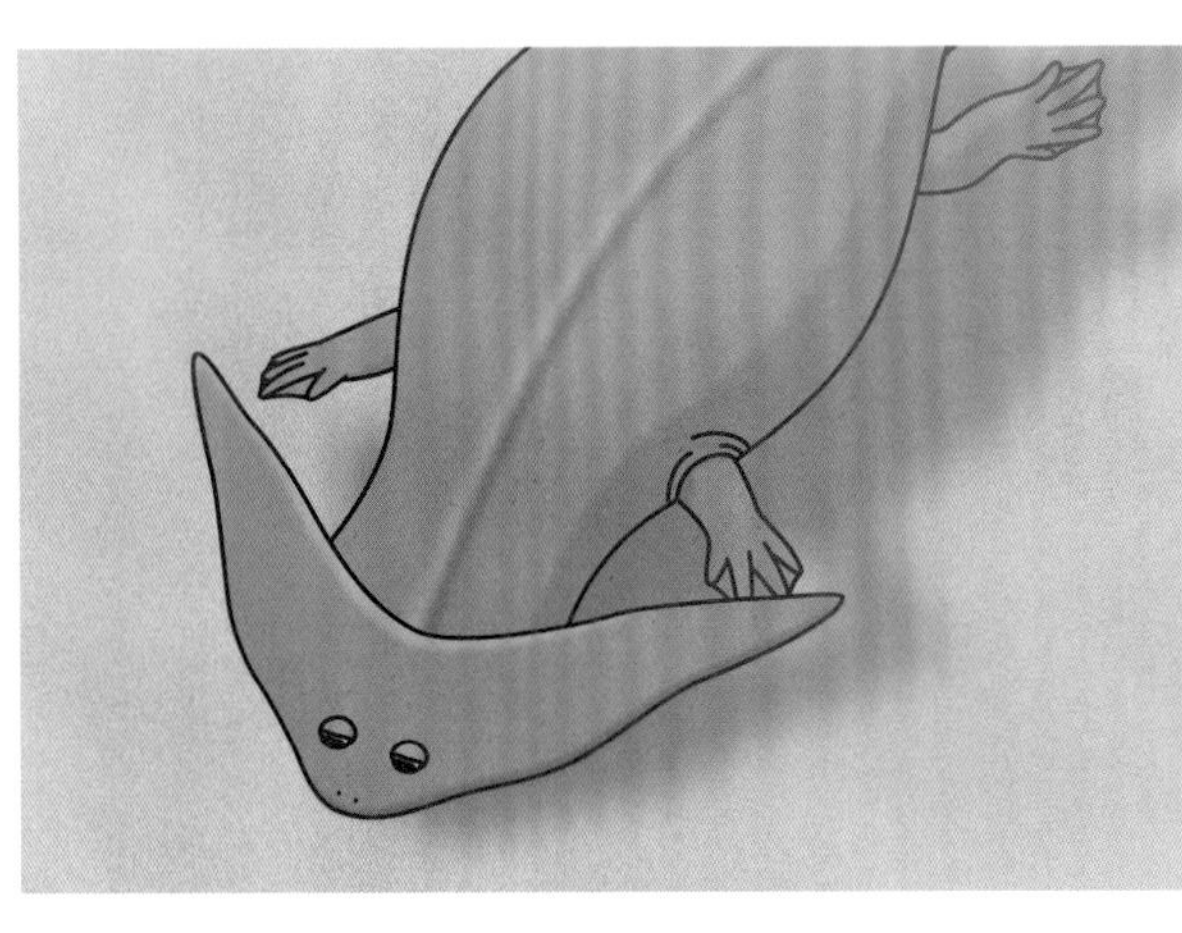

ブーメラン！

この本では、主に「同じグループ内の祖先と子孫の関係」を紹介してきた。祖先から子孫への進化で、大きく姿を変えたものが少なくないことは、すでに見てきた通りだ。しかし「同じグループ内」といわずとも、「同じ個体」が成長によって大きく姿を変えたものもいる。

そんな「成長」によって姿を変えた両生類を紹介しよう。現在も生きる平滑両生類とはまったく別のグループ、「空椎類」に属する種だ。

その名前を「ディプロカウルス」という。古生代石炭紀後期に出現し、ペルム紀まで繁栄を続けた。独特の姿をもつものが多い空椎類の中でも、「極め付け」といえる種だ。

ディプロカウルスは全長1・4メートルほどの水棲動物だ。その特徴は、頭部の形状にある。頬の部分が左右に広く伸びているのだ。左右幅は、実に45センチメートルに達した。人間でいえば、身長160センチメートルのヒトの顔の横幅が、50センチメートル強もあるようなものだ。そして、真上から見た頭部の形状は、まるでブーメランのようになっている（ちなみに、この頭部には厚みもなく、まさにブーメランのようである）。

この独特な形状は、水中を泳ぐ際に役立ったと考えられている。水棲種であるディプロカウルスは、頭部の角度を少し調整するだけで、水の流れをコントロールし、上昇や下降することができたとされる。

コドモ時代は〝普通〟でした

ディプロカウルスは、その成長段階がわかっている数少ない古生物の一つ。これまでの研究によると、どうやら幼体時の頭部にはブーメランの「ブ」の字も感じられない。真上から見たときの形はほぼ三角形。おにぎりのような形だ。幅は数センチメートルほどしかない。その姿には、ディプロカウルスらしさはかけらも感じられない。

その後、成長にともなってしだいに頬が張り出していき、生物界有数の〝張り出し顔〟になったのである。

ディプロカウルスの成長

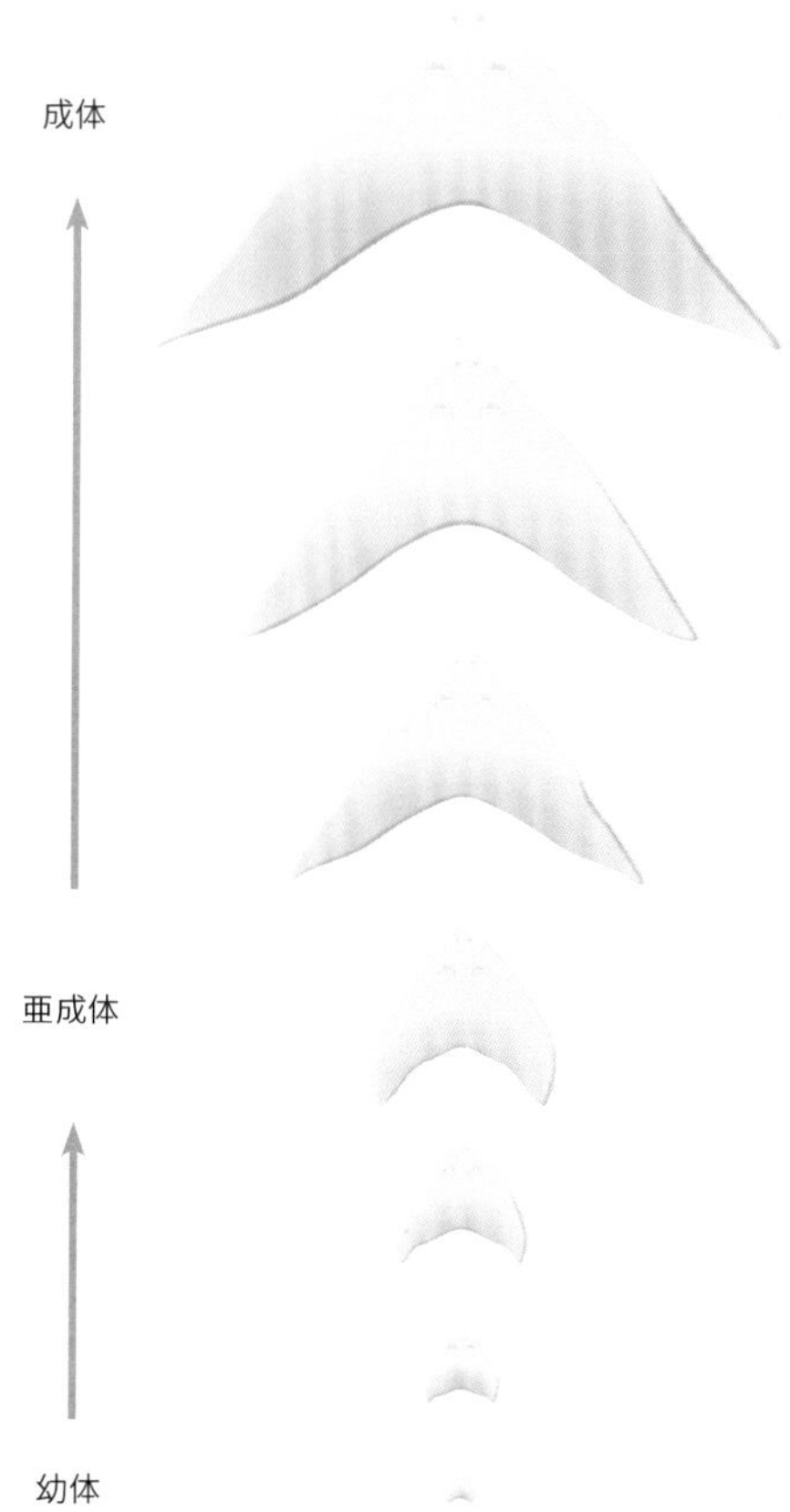

Benton（2015）を参考に作図

ディプロカウルス
Diplocaulus

古生代石炭紀後期〜ペルム紀

アメリカ、モロッコ

板皮類
Placoderm

最強の甲冑魚へ

古生代半ばに大繁栄

俗に「甲冑魚」と呼ばれる魚たちがかつての海にいた。正式な分類名ではなく、文字通り「甲冑のようなつくり」をもった魚たちのことだ。

その甲冑をつくっているのは、〝骨の板〟だ。現生の魚の多くは、骨をからだの内にもつ。しかし、甲冑魚たちは、その頭部と胴部の外側を骨の板で覆っていた。

甲冑魚と呼ばれる魚たちの中で、代表的なグループを「板皮類」という。古生代デボン紀に大いに栄えたグループである。

板皮類には多数の種類が属している。その中で「最も成功した板皮類」と呼ばれるのは、板皮類の歴史の中でも初期に出現した「ボスリオレピス」の仲間だ。

ボスリオレピスの名前（属名）をもつ種は100種を超えるとされ、南極大陸を含むすべての大陸からその化石が産出するという繁栄ぶりを誇る。その中には、全長1メートルを超す大型の種も確認されている。

ボスリオレピス属の代表は、「ボスリオレピス・カナデンシス」。現

ボスリオレピス
ホロネマ
ダンクルオステウス

板皮類の系統

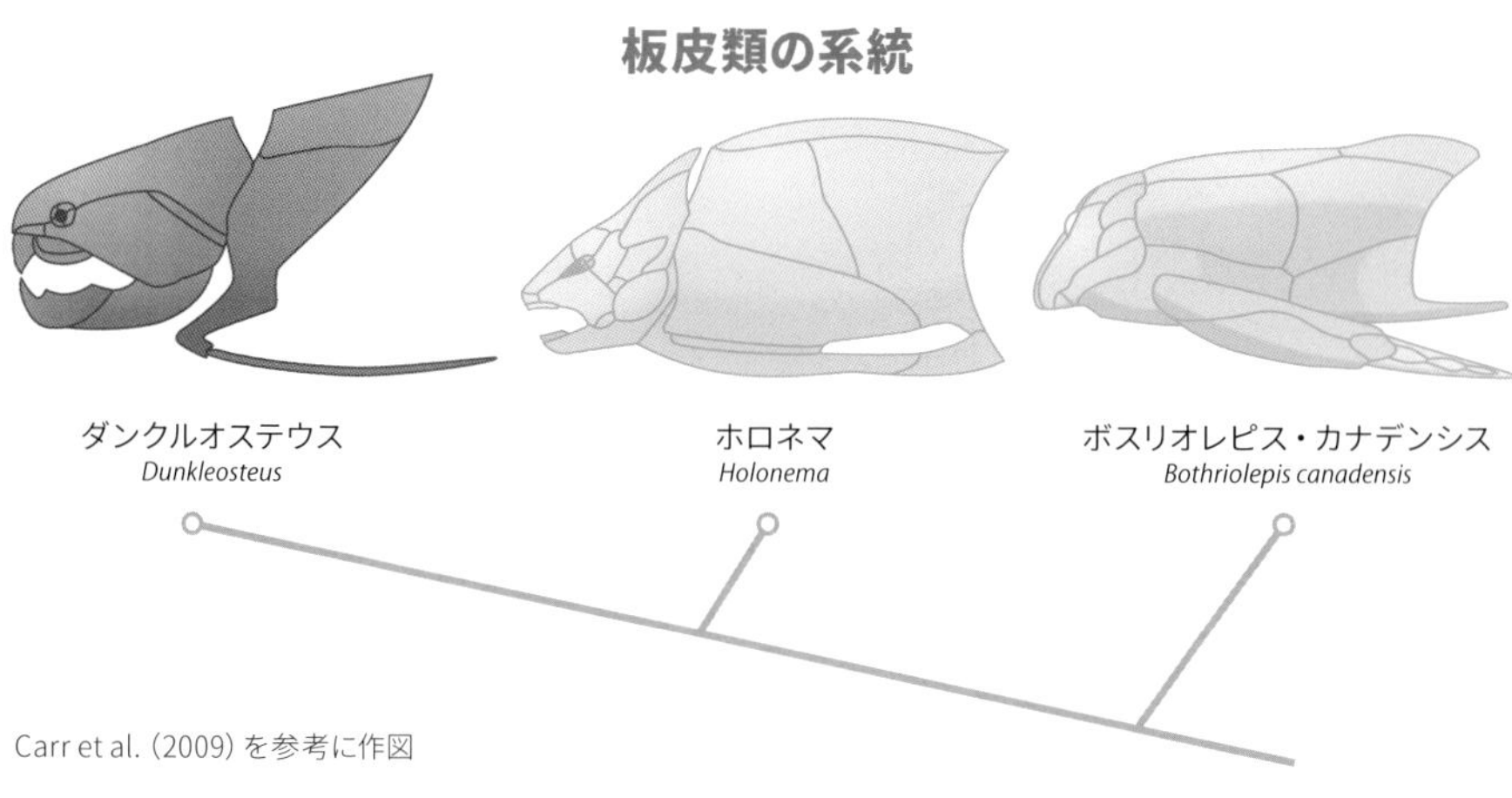

Carr et al. (2009) を参考に作図

代のティッシュ箱を不器用に潰した、そんな形状の頭胴甲をもつ。頭部の頂上付近には寄り目がちに配置された眼が二つ、そして、その間に光感知用の小さな孔が開いていた。

特筆すべきは、胸ビレだ。ボスリオレピス属の胸ビレは、胴部の側面から細く伸び、骨の板で覆われていた。先端が鋭利に尖り、ヒレというよりは、まるでカニのあしのよう。ちなみに、口は底面にあった。頭胴甲の長さは約16センチメートル、全長は約45センチメートルに達した。

ボスリオレピス属の仲間たちは、大なり小なり同じような姿をしており、種によっては胴甲の上に背ビレのようなつくりをもつものもいた。

古生代最強の魚、現る

ボスリオレピス属各種は、板皮類の中では、比較的原始的な種類だ。

一方、やや進化的な板皮類の一つに、「ホロネマ」がいた。

ホロネマは頭胴甲の長さが約25センチメートルに達した。ボスリオレピス・カナデンシスの約1・6倍の大きさである。胴甲に高さがあり、傾斜があった。ボスリオレピス属にあるような〝ティッシュ箱感〟は、ホロネマにはない。頭甲は吻部（ふんぶ）に近づくにつれ、急速に細く鋭角になっていた。ボスリオレピス属のような硬い胸ビレは確認されておらず、胴甲側面の両側には、おそらく胸ビレがあったとみられる切れ込みが確認されている。

そして、板皮類の中でも進化的とされる種類の一つが、「ダンクルオステウス」である。

ダンクルオステウスは、「まさし

く甲冑魚」という風貌のもち主だ。大きな頭甲は幅があり、高さもあり、そして吻部はほぼ垂直。……「甲冑」というよりは、「兜」というべきかもしれない。両眼は前を見て、口には歯のような形の鋭い突起がある（歯ではなく、あくまでも骨の板が歯のようになったものだ）。

頭甲だけでその長さは1メートルに達し、推測される全長値は8メートルとも10メートルともいわれる。デボン紀の6300万年間だけではなく、古生代2億8900万年間を通じて最大の魚だった。

大きいだけではないところが、ダンクルオステウスのすごいところだ。コンピュータを使った分析によると、ダンクルオステウスの「噛む力」は、5300ニュートンを上回ったとされている。現代の海で「白い死神」の異名をとる「ホホジロザメ」を大きく上回る値だ。故に、ダンクルオステウスは「古生代最強の魚」と呼ばれることもある。

実際、かなり凶暴な魚だったようで、同種を襲ったとみられる痕跡も発見されている。

ホロネマ
Holonema
古生代デボン紀
北米、ヨーロッパ、中東、オーストラリア

ボスリオレピス・カナデンシス
Bothriolepis canadensis
古生代デボン紀
カナダ

軟骨魚類と競合し……

ボスリオレピスの繁栄から、ダンクルオステウスの登場まで、すべてはデボン紀に展開された。「デボン紀は、板皮類の時代」と書いたとしても、それは多少過言ではあるかもしれないが、誤りではないはずだ。

　しかし、それは、デボン紀だけだった。

　デボン紀の次の時代である石炭紀になると、その勢力は急速に衰退し、古生代末に発生した大量絶滅事件を待つことなく、グループまるごと姿を消してしまう。

　実は、デボン紀には、もう一つの魚のグループが台頭していた。「軟骨魚類」である。

　軟骨魚類は、のちにサメやエイなどを生むグループだ。板皮類のような甲冑をもたず、「防御力」という点では明らかに板皮類に劣る。しかし、初期の種類からそのからだは流線型で、高い遊泳能力をもっていたとみられている。防御性能よりも機動力が重視されていた。

　結果だけを見れば、「板皮類の〝守り〟」は、「軟骨魚類の〝素早さ〟」に負けたように見える（実際に、因果関係が証明されているわけではない。念のため）。

ダンクルオステウス
Dunkleosteus

古生代デボン紀

アメリカ、ヨーロッパ、モロッコ

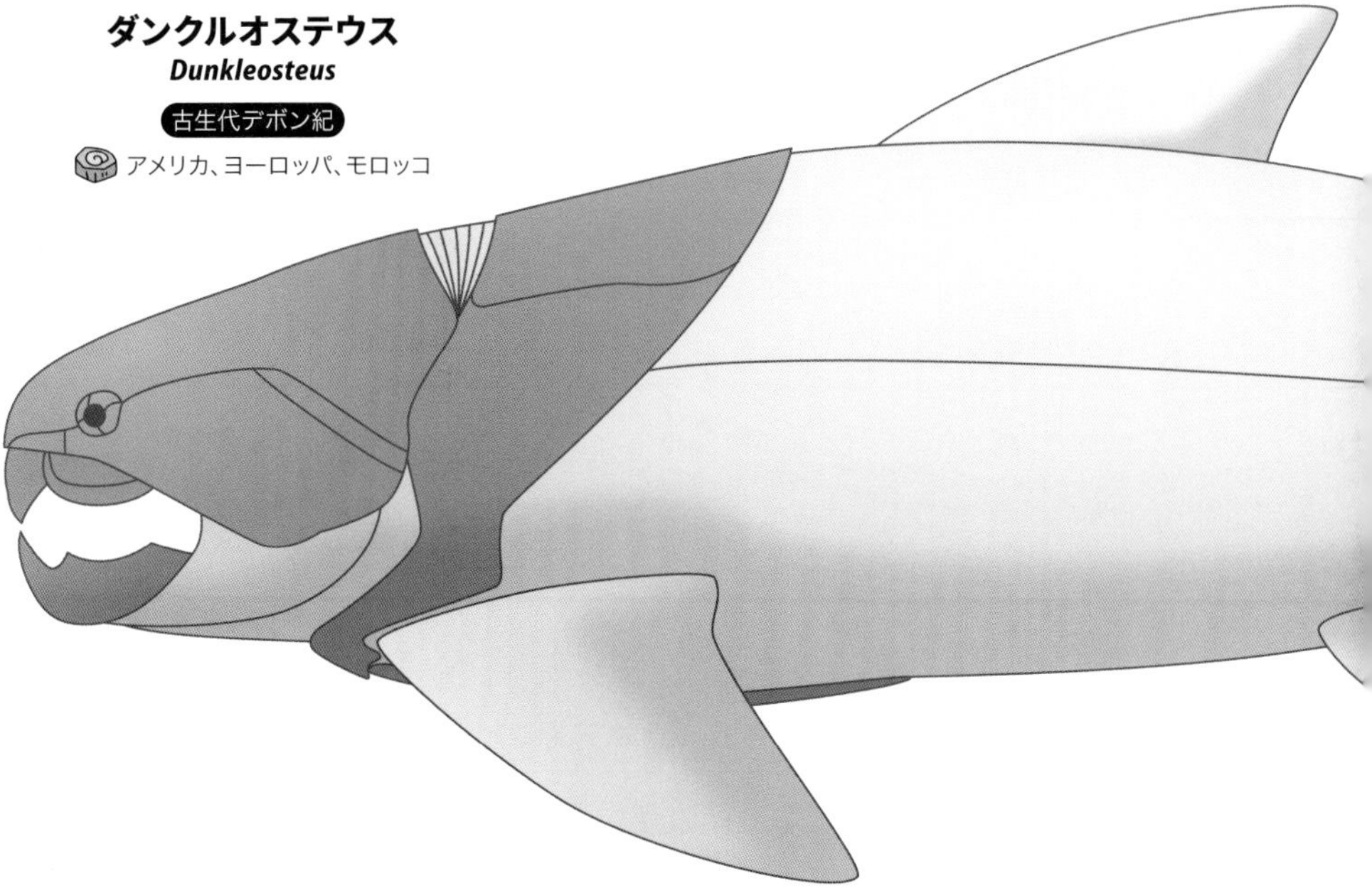

筋トレをしてみたくて？

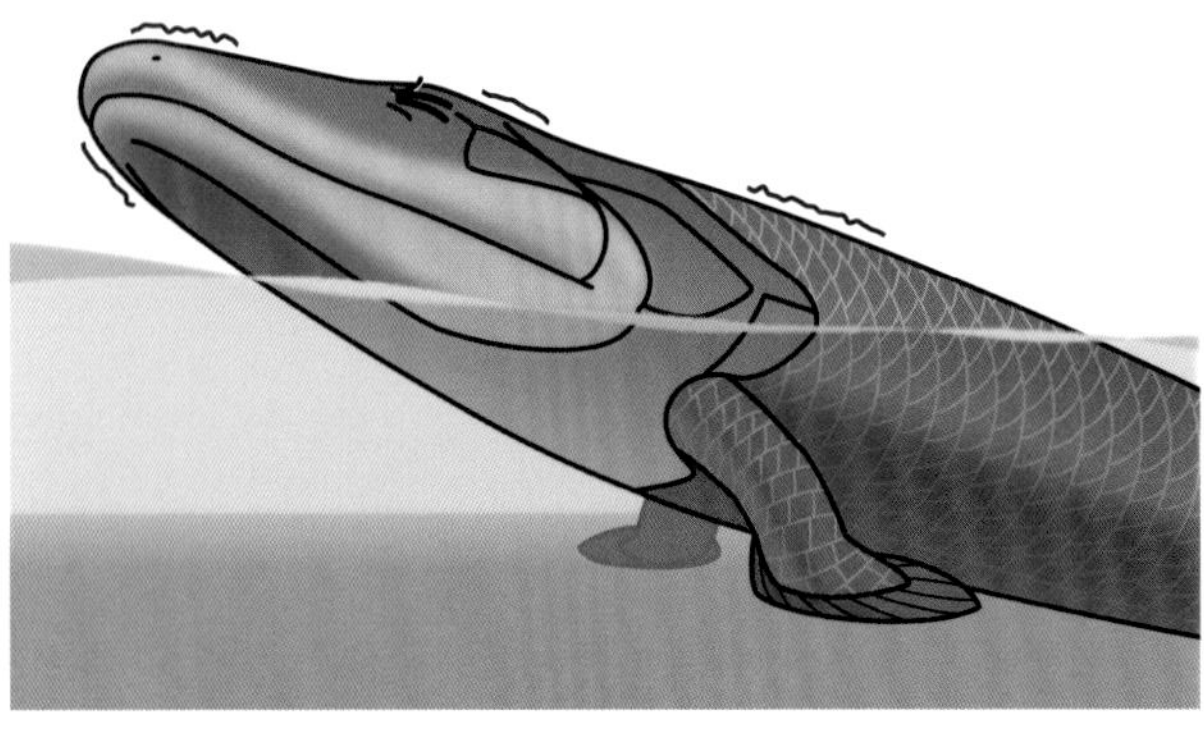

上陸大作戦前夜

古生代デボン紀、海洋生態系の歴史は転換期を迎えていた。魚の台頭が始まったのである。それまで無脊椎動物に狩られる立場にあった脊椎動物が、ついに下克上を開始した。

デボン紀は、約4億1900万年前から約3億5900万年前までの6000万年間だ。約3億9300万年前と約3億8300万年前を境に前期、中期、後期に分かれている。このうち、後期になると、魚たちの中に〝次のステップ〟に進むものが現れる。

上陸への進化だ。

ヒレが四肢となり、陸上を歩行することが可能になる。その進化において、この本ではとくに次の5種に注目してみよう。「ユーステノプテロン」「パンデリクチス」「ティクターリク」「エルピストステゲ」「アカントステガ」である。アカントステガ以外はすべて、デボン紀後期に出現した「肉鰭類（にくきるい）」という魚たちである。

魚雷型からワニ型へ

ユーステノプテロンは、「上陸へ

ユーステノプテロン
パンデリクチス
ティクターリク
エルピストステゲ
アカントステガ

肉鰭類における腕（ヒレ）の進化

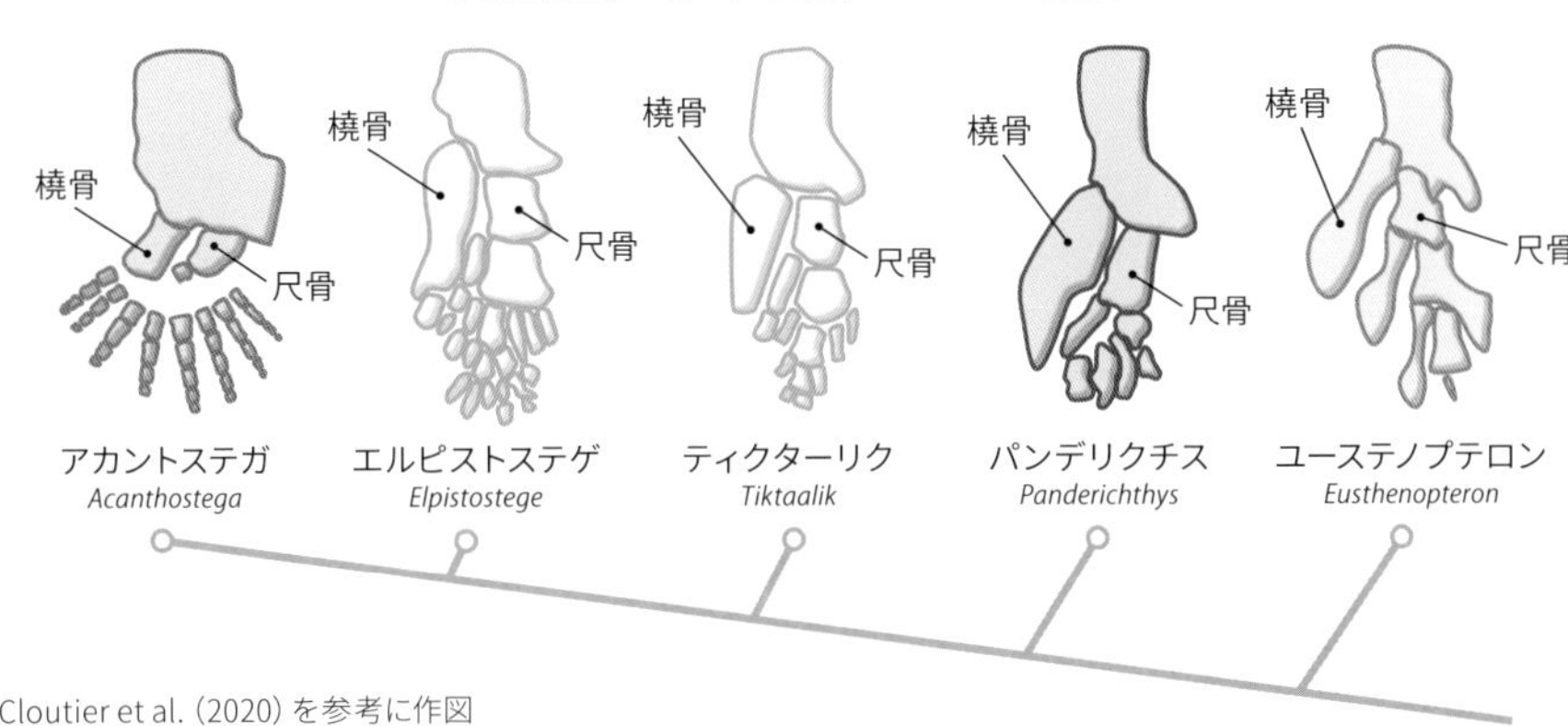

Cloutier et al.（2020）を参考に作図

の進化」を語る際に〝起点〟として扱われることの多い肉鰭類だ。

そもそも肉鰭類とは、文字通り肉質の鰭をもつ魚たちのグループである。現生種では、シーラカンスこと「ラティメリア（*Latimeria*）」がよく知られている。

ユーステノプテロンは全長1メートルほど。からだは円筒形に近く、「魚雷のようなからだ」と形容されることが多い。最大の特徴は、肉質のヒレの中にあり、そこに「上腕骨」「橈骨」「尺骨」という骨があった。いずれも、陸上を歩く脊椎動物の「前脚」を構成する骨である。

ただし、ユーステノプテロンのヒレの中にあるこれらの骨は、互いに関節していなかった。陸上脊椎動物の前脚のように動かすことはできなかったのである。

ユーステノプテロンから〝一歩進んだ〟とされる肉鰭類が「パンデリクチス」だ。サイズは、ユーステノプテロンと同じ全長1メートルほど。その見た目は、ユーステノプテロンのような〝魚雷型〟ではなく、横に平たかった。どちらかといえば、〝ワニっぽい動物〟である。

横に平たいだけではない。背ビレはなく、また頭部においては眼が背側に配置されていた。ちなみに腹ビレもない。こうした特徴が〝ワニっぽさ〟の演出に一役買っている。

胸ビレの中には、ユーステノプテロンにもあった上腕骨、橈骨、尺骨の他に、〝指の骨っぽい骨〟が確認されている。そして、ユーステノプテロンと同じように、これらの骨は関節していなかった。姿はワニに似ていても（あくまでも「どちらかと

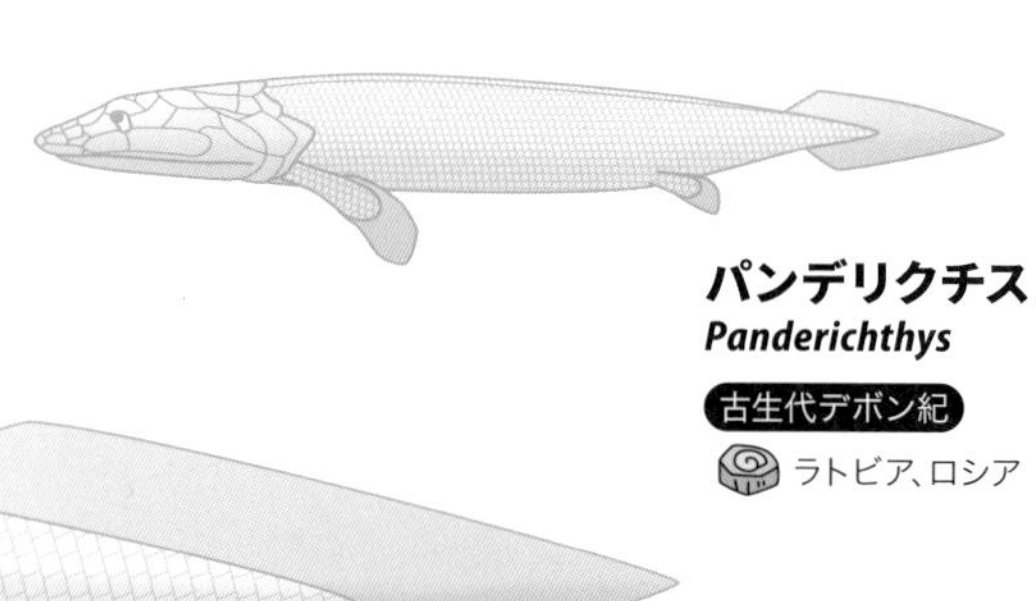

パンデリクチス
Panderichthys
古生代デボン紀
ラトビア、ロシア

ユーステノプテロン
Eusthenopteron
古生代デボン紀
カナダ、イギリス

いえば」というレベルだけれど）、ワニのあしのように胸ビレを動かすことはできなかったのである。

腕立て伏せをする魚

そして、「上陸への進化」を語る際に、最も「鍵」となる肉鰭類が「ティクターリク」である。

ティクターリクは、ユーステノプテロンやパンデリクチスよりもはるかに大きい全長2・7メートルの巨体だ。その姿は、パンデリクチスよりももっと〝ワニっぽい〟。

胸ビレの中には、上腕骨、橈骨、尺骨が確認されている。ただし、パンデリクチスのような〝指の骨っぽい骨〟は、未確認だ。

ティクターリクが注目される理由は、胸ビレの中にあるこれらの骨の「互いの関係」にある。

関節しているのだ。

言い換えれば、「肩」があり、「肘」があり、「手首」がある。

これらの関節があるということは、力強く動かせるということでもある。そのため、ティクターリク

アカントステガ
Acanthostega

古生代デボン紀

グリーンランド

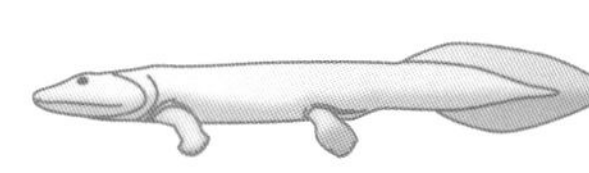

ティクターリク
Tiktaalik

古生代デボン紀

カナダ

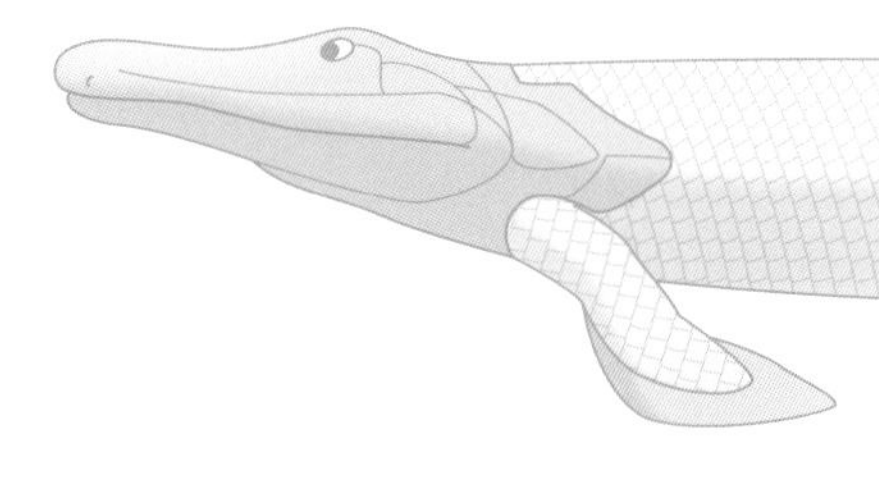

エルピストステゲ
Elpistostege

古生代デボン紀

カナダ

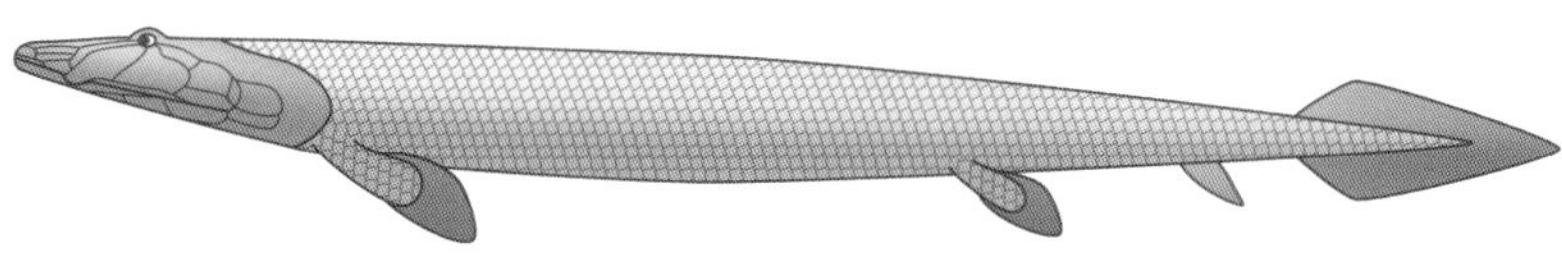

は、いわゆる「腕立て伏せ」が可能だったとみられている。

肘は柔軟に曲がり、手首を曲げれば、ヒレの一部を掌のように接地させることもできた。肩と腕の骨には、大きな筋肉がついていた可能性も指摘されている。

果たして、〝腕立て伏せ機能〟を使って、ティクターリクがどのように生きていたのだろうか？

それは定かではない。まさか、筋肉トレーニングをしていたわけではないだろうけれど……。

この〝腕立て伏せ機能〟を使えば、水面下に身を潜めながら、必要に応じて腕を突っ張ることで、顔を水面から出すことも可能だったかもしれない。

研究者は、川底、池底、浅瀬、干潟などを動き回る際に、役立った可能性を指摘している。からだをヒレで力強く支えることで、半水半陸の場所で活動する際に大きな利点を得ていたのではないか、というわけである。

ちなみに、〝腕立て伏せ機能〟があるために胸ビレばかりが注目されるティクターリクだけれども、実は「首」と「腰」があることでも知られている。首と腰も、他の多くの魚たちにはみられない特徴だ。ティクターリクは、いろいろな意味で、なかなか変わった魚だったのである。

そして、8歩指！

「エルピストステゲ」は、そんなティクターリクの一歩先にいるとみられている。

エルピストステゲは、全長1・6メートルほどの肉鰭類だ。ユーステノプテロンやパンデリクチスよりも大きいけれど、ティクターリクよりうは小さい。そんなサイズ感だった。その姿は、ティクターリクとよく似ている。

ティクターリクとエルピストステゲの大きなちがいは、胸ビレの中にあった。「指の骨」が確認できるのだ。パンデリクチスの〝指の骨っぽい骨〟ではなく、明瞭に「指の骨」とわかる骨だ。

そして、エルピストステゲの〝先〟にいたと目されているのが、「アカントステガ」である。

アカントステガの全長は60センチメートルほど。これまでに紹介した肉鰭類各種と比べると、最も小さい。

アカントステガは、肉鰭類ではない。なにしろすでにヒレではなく脚をもっていた。知られている限り、最古級の〝四足をもつ脊椎動物〟の一つである。ちなみに、四足をもつ初期の動物だからといって、両生類というわけではない。そのため、単純に「四足動物」と表記されることが近年では多くなっている。

アカントステガの四足のつくりは華奢で、水中で〝腕立て伏せ〟をすることはできても、陸上を歩行することには不十分だったとみられている。上陸しての活動ができたかどうかは定かではない。

一方で、その先には明瞭な「指」があった。

その数は、実に8本！

ユーステノプテロンからアカントステガに至る流れで見られる進化の果てに獲得されたのは、華奢な四肢と8本の指だったわけである。

その後の脊椎動物の進化はシンプルだ。四肢が頑丈になり、指の数が減っていくのである。

肉鰭類から四足動物へ。大きな変化があった脊椎動物。すべては、デボン紀後期のわずか数千万年間におきた進化だった。

あっという間である。

3章

骨のない仲間たちの移り変わり

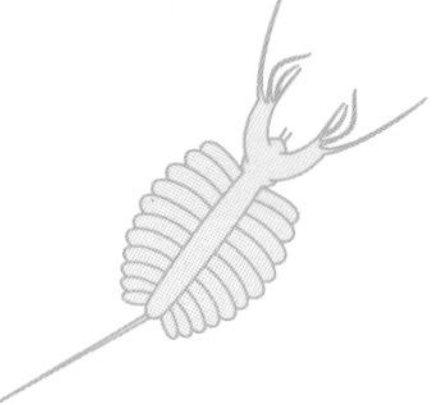

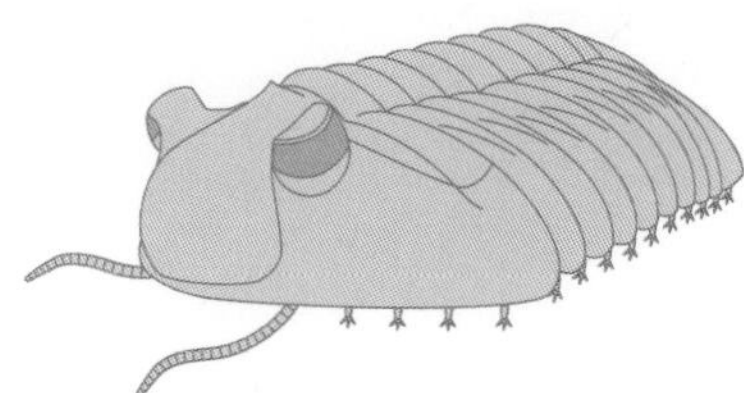

アンモノイド類
Ammonoidea

丸くなりました

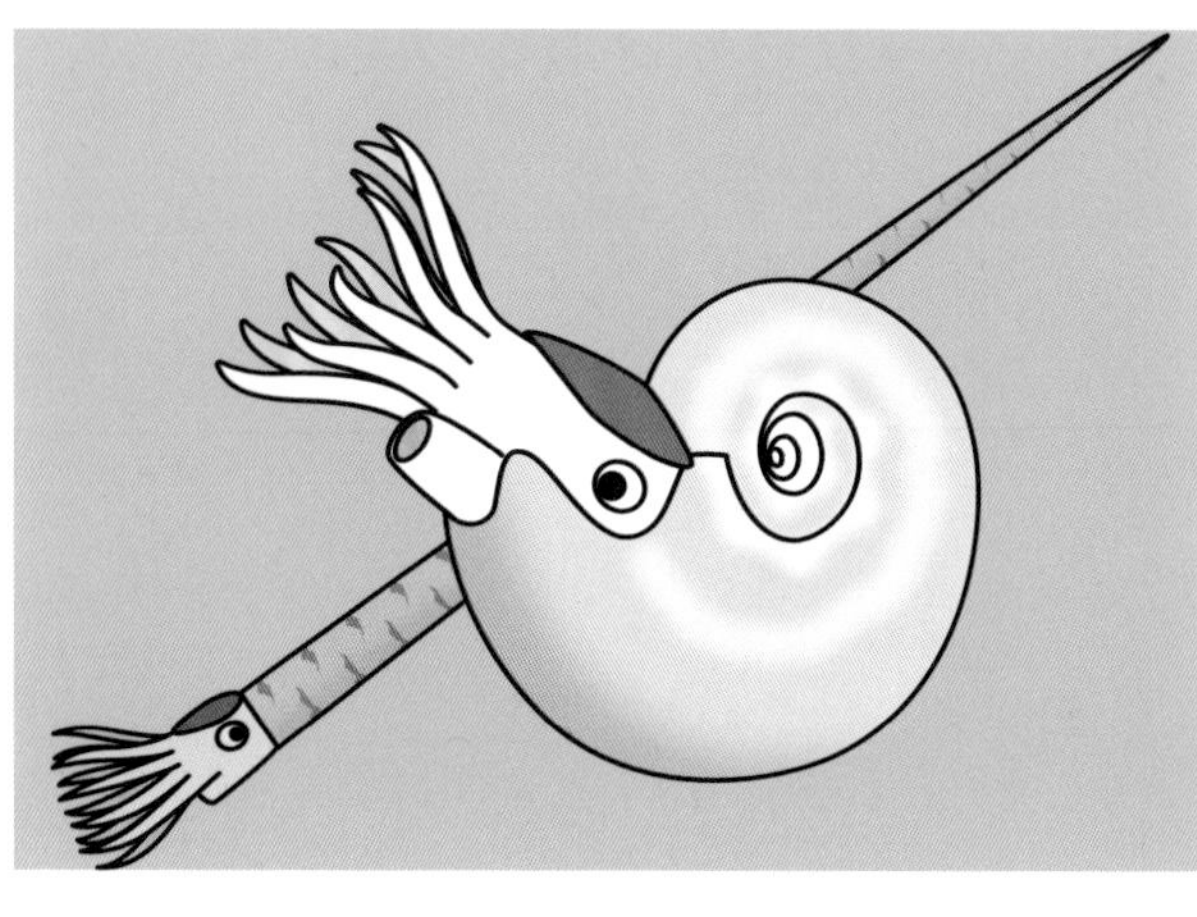

「アンモナイト」といえば、

「アンモナイト」と聞いて、おそらく多くの人がその姿を思い浮かべることができるだろう。

そして、その姿は、おそらく殻がくるくると平面状で螺旋を描いたものではないだろうか?

そもそも、「アンモナイト」とは、一つの種を指した呼び名ではない。「アンモナイト類」というグループを指しての名称であり、このグループには、1万種を超える多様性がある。一般によく知られる「くるくると平面状で螺旋を描く殻」をもつアンモナイト類も、実に多数の種が報告されている。種によって、殻の厚みが異なったり、殻の表面の凹凸……「肋」と呼ばれる構造が異なったり、表面にトゲがあったりする種もいる。

「アンモナイト類」は、より広いグループの「アンモノイド類」に属し、アンモノイド類はさらに広いグループの「頭足類」に属している。

アンモノイド類は絶滅したグループだけれども、頭足類には他に「タコ類」「イカ類」「オウムガイ類」と

ロボバクトリテス
アネトセラス
アゴニアタイテス

いった現生のグループが含まれる。

最初は伸びていたのですが……

アンモナイト類は中生代に栄えたグループだ。一方、アンモノイド類の歴史は、古生代デボン紀にまで遡ることができる。

最初期のアンモノイド類の一つである「ロボバクトリテス」は、アンモナイト類のように丸くなく、まっすぐ円錐形の殻をもっていた。

その後、進化が進むにつれて、アンモノイド類は丸くなっていく。たとえば、「アネトセラス」は、その〝丸くなる進化〟の途中段階。巻いてはいるけれども、内側の殻と外側の殻が接していない。

「アゴニアタイテス」ともなれば、のちのアンモナイト類と同じように、平面状に螺旋を巻き、内外の殻がぴったりと接した殻をもつ。

この〝丸くなる進化〟はデボン紀の間に展開された。丸くなることで、遊泳能力が向上したという説がある。

ロボバクトリテス
Lobobactrites
古生代デボン紀
アメリカ、ヨーロッパ、オーストラリアなど

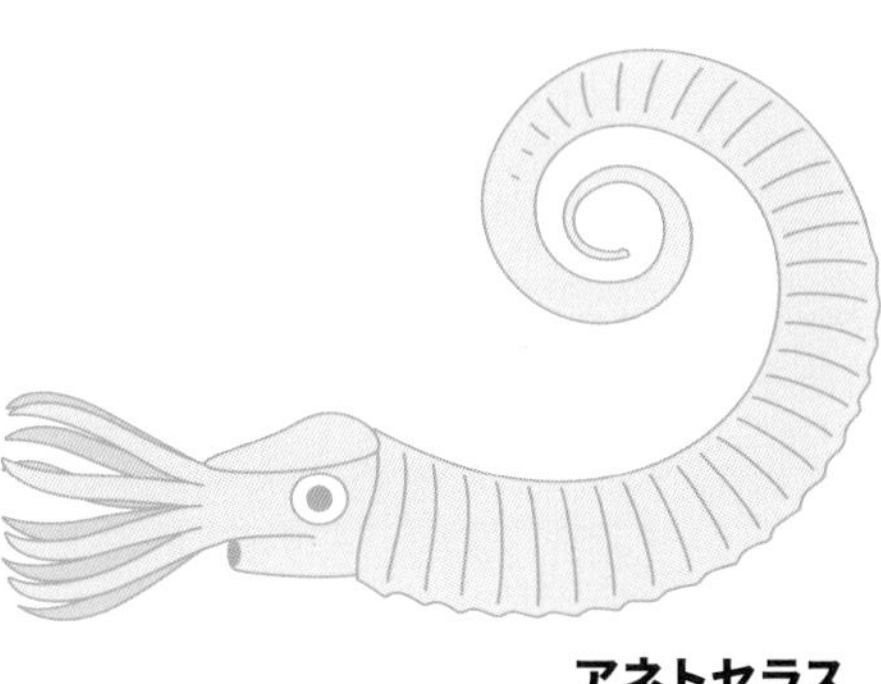

アネトセラス
Anetoceras
古生代デボン紀
ヨーロッパ、モロッコ、中国など

アゴニアタイテス
Agoniatites
古生代デボン紀
北米、チェコ、モロッコなど

アンモナイト類（るい）
Ammonitida

ねじって曲がって、日本代表

ユーボストリコセラス
ニッポニテス

バネがねじれ、ねじれて……

中生代白亜紀の海には、さまざまな形のアンモナイト類がいた。

たとえば、日本でも化石が見つかる「ユーボストリコセラス」はその一つ。

ユーボストリコセラスの殻は、まるでバネのようにぐるぐると螺旋を描きながら、だらんと垂れ下がる。だらんと垂れ下がりながら殻の直径は少しずつ太くなり、巻きの内径が大きくなり、最下部の殻口から〝顔〟を出す。全体的な大きさは、高さで10センチメートルほどだ。

こうした不思議な形をしたアンモナイトは、「異常巻きアンモナイト」と呼ばれている。

そして、「異常巻きアンモナイト」といえば、世界的にその名が知られた種類の化石が日本の北海道などから発見されている。

「ニッポニテス」だ。

「日本の石」という意味の名前をもつアンモナイトである。

ニッポニテスの殻は、実に珍妙な巻き方をしている。それは、「ヘビが複雑にとぐろを巻いたような」とも形容されるほど。

しかしよく見ると、規則性が確認できる。アルファベットの「U」の字のようなカーブを繰り返し、ねじれ、そして外側にいくほど殻の直径が少しずつ大きくなっているのだ。全体の大きさは、ヒトの手のひらよりも少し小さいといったところ。

規則性があるということは、「数式で表現できる」ということでもある。

そして、ニッポニテスを表現した数式は、ちょっと〝手を加える〟だけで、ユーボストリコセラスの殻の数式になることがわかっている。ちなみに、ユーボストリコセラスは、ニッポニテスよりも少し古い。

そのため、ユーボストリコセラスの数式にちょっと〝手を加える〟……つまり、遺伝子が突然変異して、ニッポニテスが誕生したと考えられている。

〝異常〟だけど、大繁栄！

異常巻きアンモナイトの「異常」は、遺伝的な異常や病的な異常、進化の袋小路的な異常ではない。単純に、平面状に螺旋を描き、内側と外側の殻がぴったりとくっついていないだけのこと。

変わった形に見えていても、それなりに大繁栄していたようで、ユーボストリコセラスもニッポニテスも、その化石はたくさん発見されている。そのため、多くの博物館でその化石を見ることができる。

また、日本古生物学会は、ウェブ上でその3Dデータを公開している。興味をもった人は「ニッポニテス3D化石図鑑」で検索を。

ユーボストリコセラス
Eubostrychoceras
中生代白亜紀
北米、ヨーロッパ、日本など

ニッポニテス
Nipponites
中生代白亜紀
アメリカ、ロシア、日本

三葉虫類
Trilobita

でーんでーんむーしむーし？

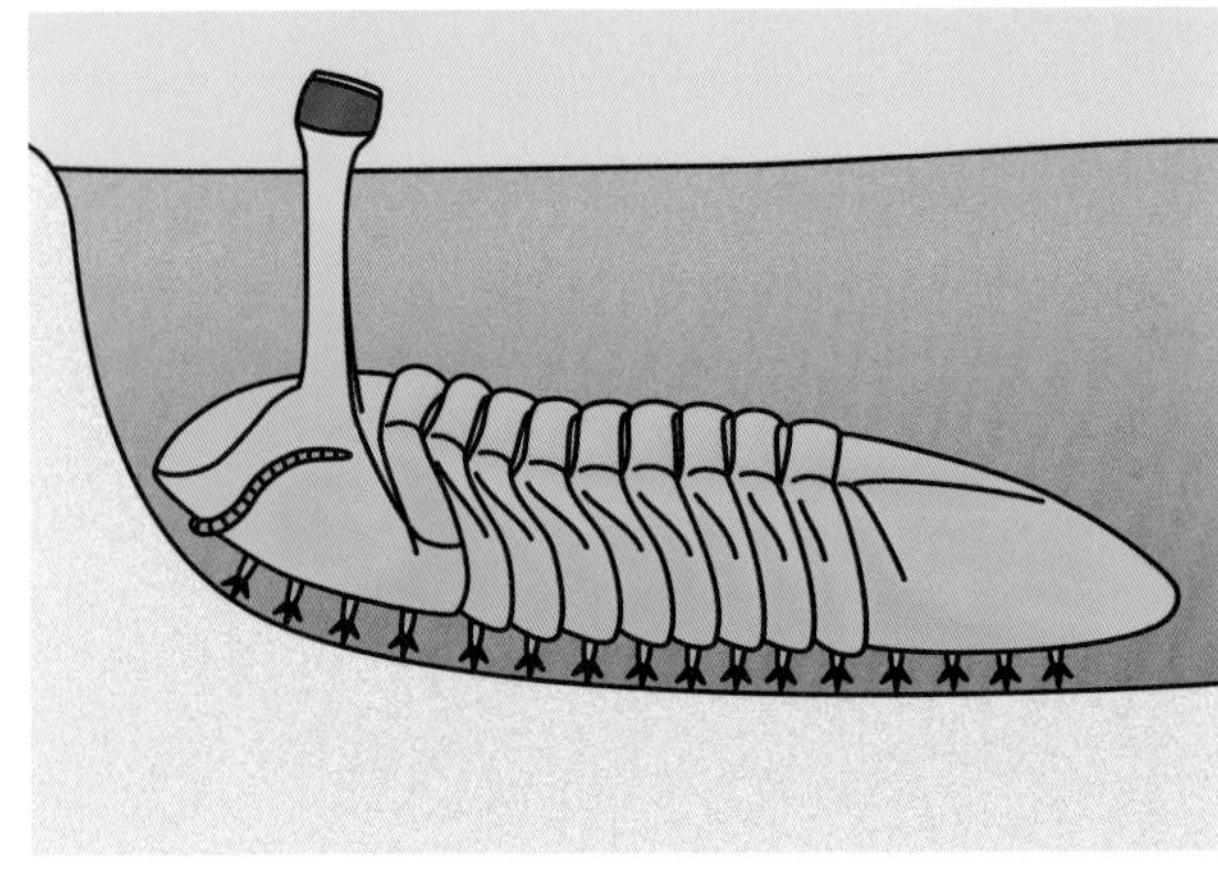

アサフス・エクスパンスス
アサフス・コワレウスキー

オルドビス紀の海で大繁栄

「化石の王様」と呼ばれ、1万種を超える多様性をもつ「三葉虫類」は、古生代カンブリア紀からペルム紀までの〝超長寿〟を誇る。

ただし、この3億年近いこの期間のすべてにおいて高い多様性があったわけではない。その隆盛はカンブリア紀とオルドビス紀に限定されていた。

そして、この二つの時代の繁栄も、〝同質〟ではなかった。

簡単にいえば、カンブリア紀の三葉虫類は平たい種が多く、オルドビス紀の三葉虫類は厚みのある種が多かった。

オルドビス紀に隆盛し、そして滅んだグループに「アサフスの仲間」がいた。頭部と尾部は比較的のっぺりしていて、胸部の節もさほど多くはない。ロシアなどで多くの化石が産出する。

アサフスの仲間の代表的な種の一つが「アサフス・エクスパンスス」。大きな個体で全長12センチメートルほど。基本的には、〝アサフスらしいアサフス〟で、これといった目立つ特徴はない。

〝塹壕戦〟向き？

アサフスの仲間における随一の〝有名人〟は、「アサフス・コワレウスキー」だろう。基本的なからだのつくりは、アサフス・エクスパンススと同じながらも、頭部からほぼ垂直方向に2本の細い柄が伸びて、その先に小さな眼があった。

この長い柄の先にある眼は、塹壕戦における潜望鏡のような役割を果たしていたのではないか、という指摘がある。

海底に塹壕を掘って身を隠し、眼だけをその塹壕から出して、まわりのようすをうかがっていたのではないか、というわけだ。

ちなみに、多くの三葉虫類は、危険を感じるとダンゴムシのように身を丸くする。コワレウスキーも丸くなった化石が発見されているが……なんとも不安定な形態となる。

アサフスの仲間には、ここで挙げた2種以外にも、〝やや眼の高い種〟なども確認されている。

アサフス・エクスパンスス
Asaphus expansus
古生代オルドビス紀
ヨーロッパ

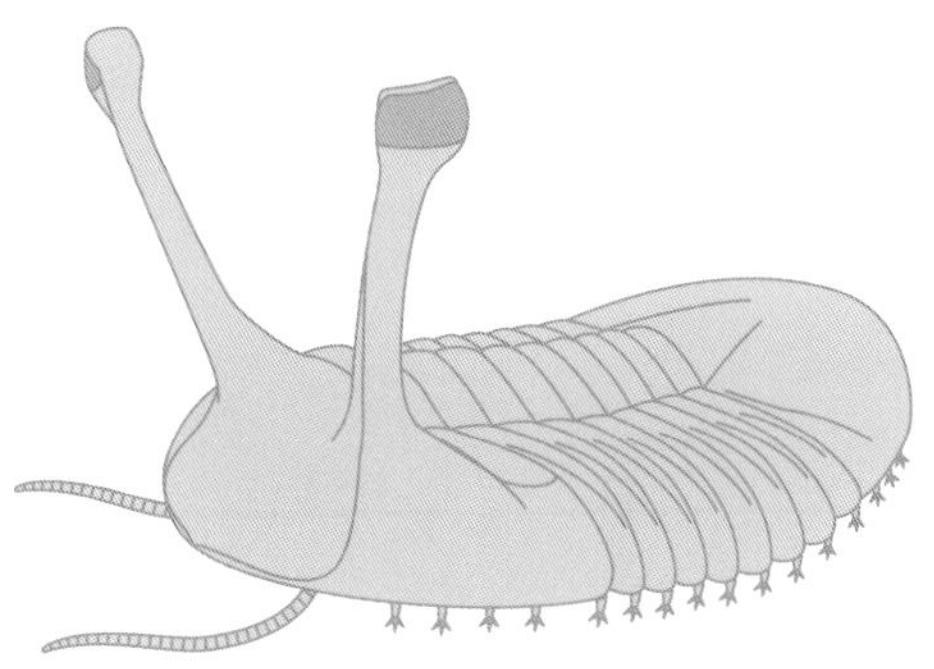

アサフス・コワレウスキー
Asaphus kowalewskii
古生代オルドビス紀
ヨーロッパ

防御姿勢

三葉虫類（さんようちゅうるい）
Trilobita

積めるだけ積みました

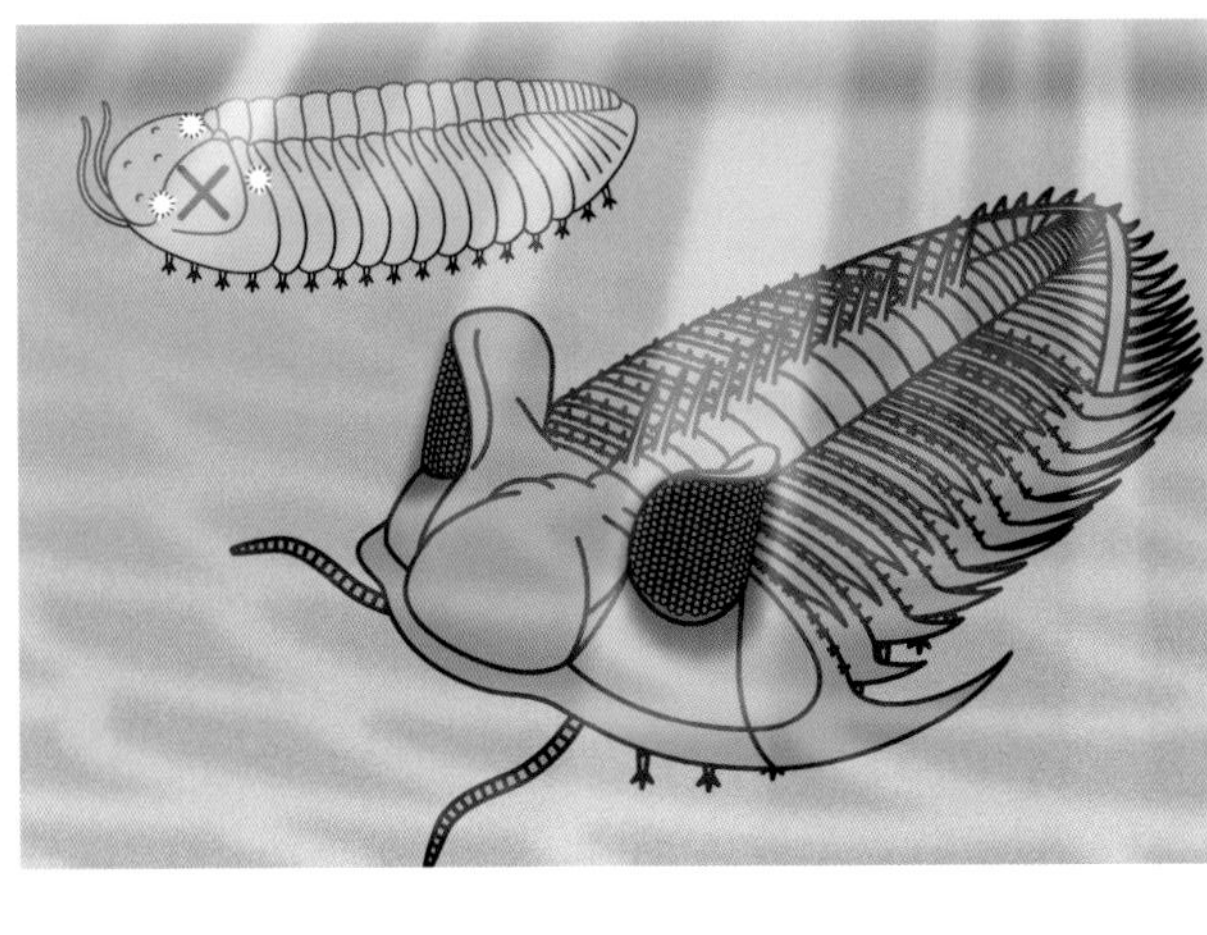

ファコプス
エルベノチレ

レンズが大きな仲間たち

三葉虫類には、他の古生物にはなかなかみられない特徴がある。「眼」が化石で確認できるのだ。

多くの動物では、その所属が脊椎動物であろうと無脊椎動物であろうと、眼はけっして硬くない。

そのため、化石として保存される可能性は高くない。

しかし三葉虫類の眼は、その殻と同じく炭酸カルシウム製。つまり、硬い。殻が化石に残りやすいように、眼も化石に残ることが多い。

そうした眼の化石から、三葉虫類の眼は複眼だったことがわかっている。複眼とは、小さなレンズが集まってできる眼のこと。昆虫類などの眼と同じだ。「トンボの眼」といえば、想像しやすいかもしれない。

三葉虫類の複眼を構成するレンズは、ほとんどの種でとても小さい。たとえば、130ページで紹介したアサフスの複眼は、その個々のレンズを肉眼で見分けることは難しい。倍率の高いルーペを用いて、初めて確認できるほどのサイズだ。指先で触っても、とてもそこに複眼のレンズが並んでいるようには感じない。

そんな三葉虫類の中でも「ファコプス類」というグループは、複眼のレンズが大きいことで知られる。

ファコプス類は、デボン紀の「ファコプス」に代表される。大きさは全長10センチメートルに満たず、多くの三葉虫類と変わらないが、複眼のレンズは肉眼でも確認できるほどに大きく、もちろん指で触ってもはっきりとわかる。

複眼タワー

ファコプス類の中でも、ちょっと変わった複眼の進化を遂げた種類が「エルベノチレ」だ。

エルベノチレの特徴は、なんといってもその複眼のレンズの並び方。個々のレンズがまるでタワーのように縦に積み重なっている。

131ページで紹介したアサフス・コワレウスキーは、長い柄の先に複眼があった。エルベノチレは、複眼そのものが高くなっている。同じような〝高い複眼〟でも、そこに大きなちがいがある。

しかもエルベノチレの複眼の最上部の縁は、外側に向かって少し張り出している。この小さな張り出しは、「庇(ひさし)」の役割を果たしていたのではないか、と指摘されている。

エルベノチレの暮らす場所は、太陽光が届く浅い海底で、庇があることで複眼がまぶしく感じないようになっていたのではないか、というわけだ。

ファコプス類は、デボン紀に大いに多様化を遂げ、さまざまな特徴のある種が登場した。しかし、デボン紀を最後に姿を消すことになる。

ファコプス
Phacops
古生代シルル紀〜デボン紀
世界各地

エルベノチレ
Erbenochile
古生代デボン紀
モロッコ、アルジェリア

〝化石の王様〟の栄枯盛衰

二度の大量絶滅を乗り越えて……

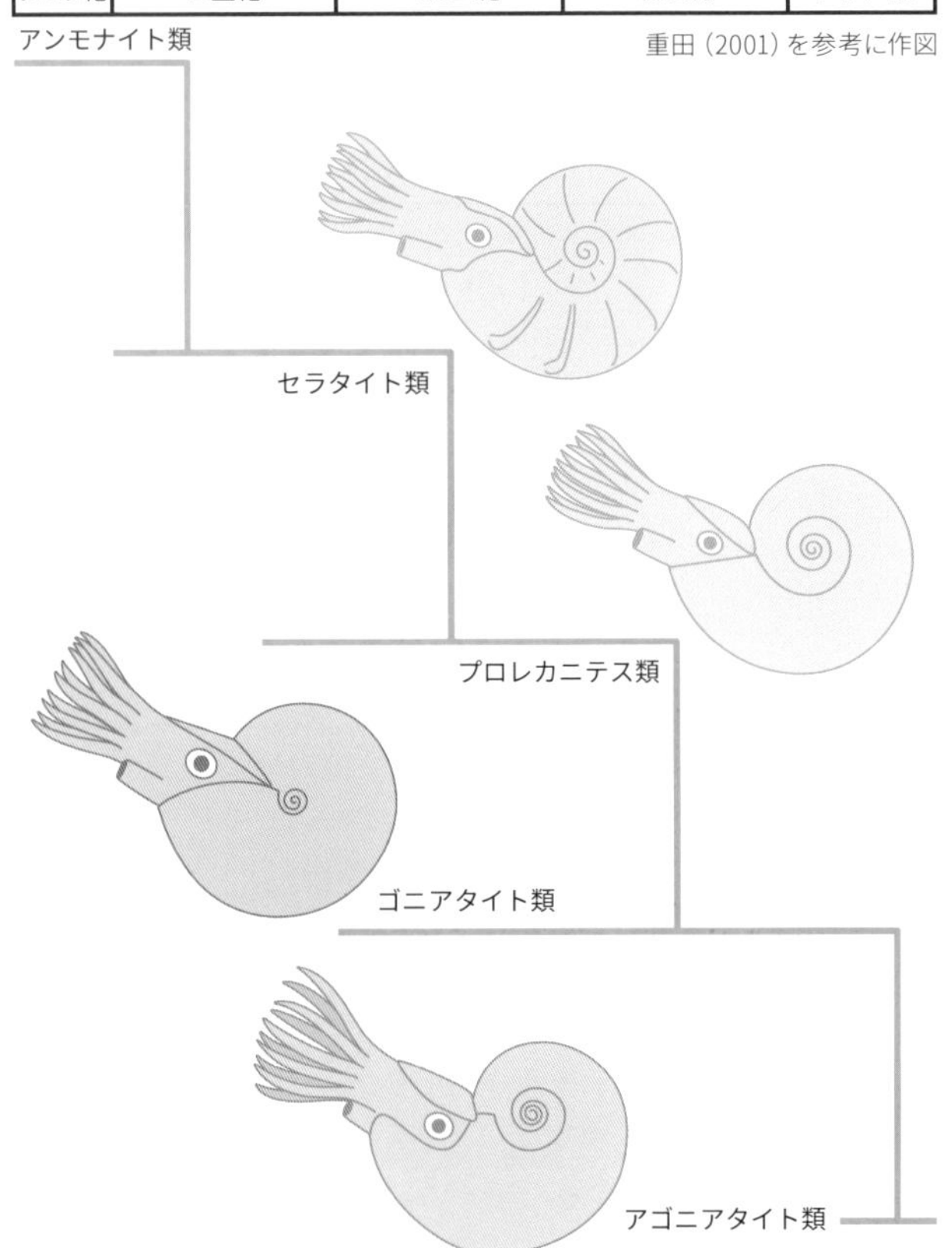

古生代デボン紀に〝丸くなる進化〟を遂げたアンモノイド類は、その後、いくつものグループを生んだ。

しかし、約2億5200万年前の古生代ペルム紀末に発生した「ペルム紀末大量絶滅事件」で激減した。

このとき、アンモノイド類を構成していたいくつかのグループの中で、「セラタイト類」と「プロレカニテス類」だけが生き延びた。このうち、プロレカニテス類はほどなく滅びたものの、セラタイト類は中生代の海

アンモノイド類の仲間たち
三葉虫の仲間たち

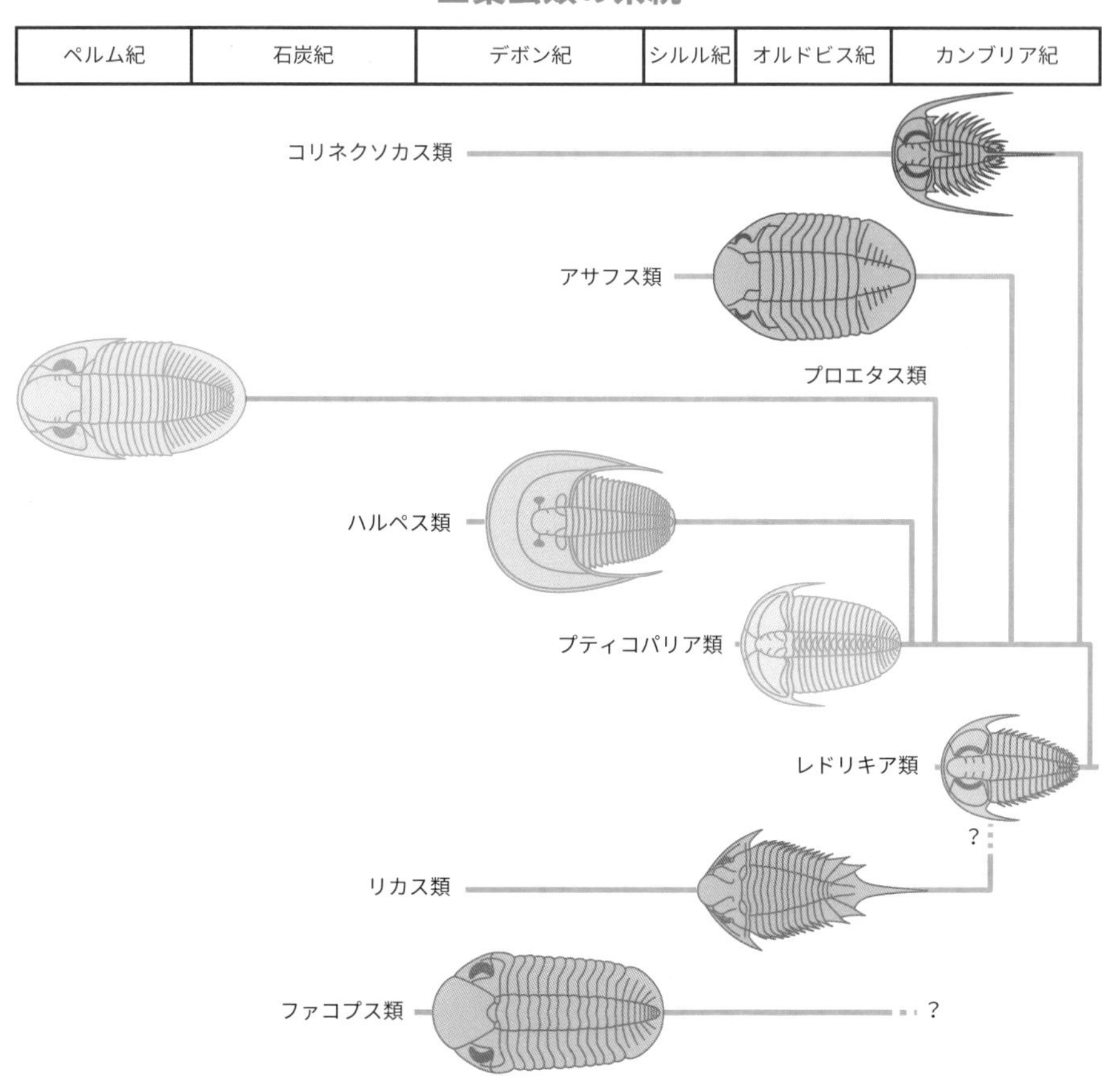

Bonino and Kier (2010) を参考に作図

に確固たる〝地位〟を築く。

しかし、約2億100万年前の中生代三畳紀末に再び大量絶滅事件が発生。セラタイト類が滅んだ。ただし、その前にセラタイト類から、「アンモナイト類」が進化していた。アンモナイト類は、三畳紀末の大量絶滅事件を生き延びて、ジュラ紀、白亜紀と繁栄を遂げる。

爆発的進化ののちに

三葉虫類は、約5億4100万年前に始まった古生代カンブリア紀と、次の時代のオルドビス紀にかけて爆発的に多様化した。

しかし、約3億5900万年前に始まった古生代石炭紀以降は、1グループだけが命脈をつなぐことになる。そして、約2億5200万年前のペルム紀末に完全に姿を消した。

うぞうぞから五つ眼へ そして、覇者へ

アイシェアイア
ケリグマケラ
パンブデルリオン
オパビニア
アノマロカリス
キリンシア

遠い昔、はるかかなたの海の中で

今から35億年以上前、最初の生命が生まれた。

初期の生命のほとんどはとても小さくて、顕微鏡がなければその形が確認できないほどだった。

約6億年前になると生命は、数十センチメートル級のからだを獲得する。葉のような形、座布団のような形、多様な形の生物が出現した。

しかしその多くは、現生生物との関係性がわかっていない。現生生物の祖先なのか、それともまったく別の生物群なのか。謎だ。

この時代の生物の化石には、あしやひれといった〝積極的な移動メカニズム〟が確認されておらず、歯や爪といった〝積極的な攻撃メカニズム〟をもつものもきわめて稀だった。まだ本格的な「食う・食われる」の関係が始まっていない、平和な時代だったとみられている。

そして、約5億4100万年前になるとその謎の生物群の時代が終わり、時代は古生代へと進む。

古生代の最初の時代を「カンブリア紀」という。

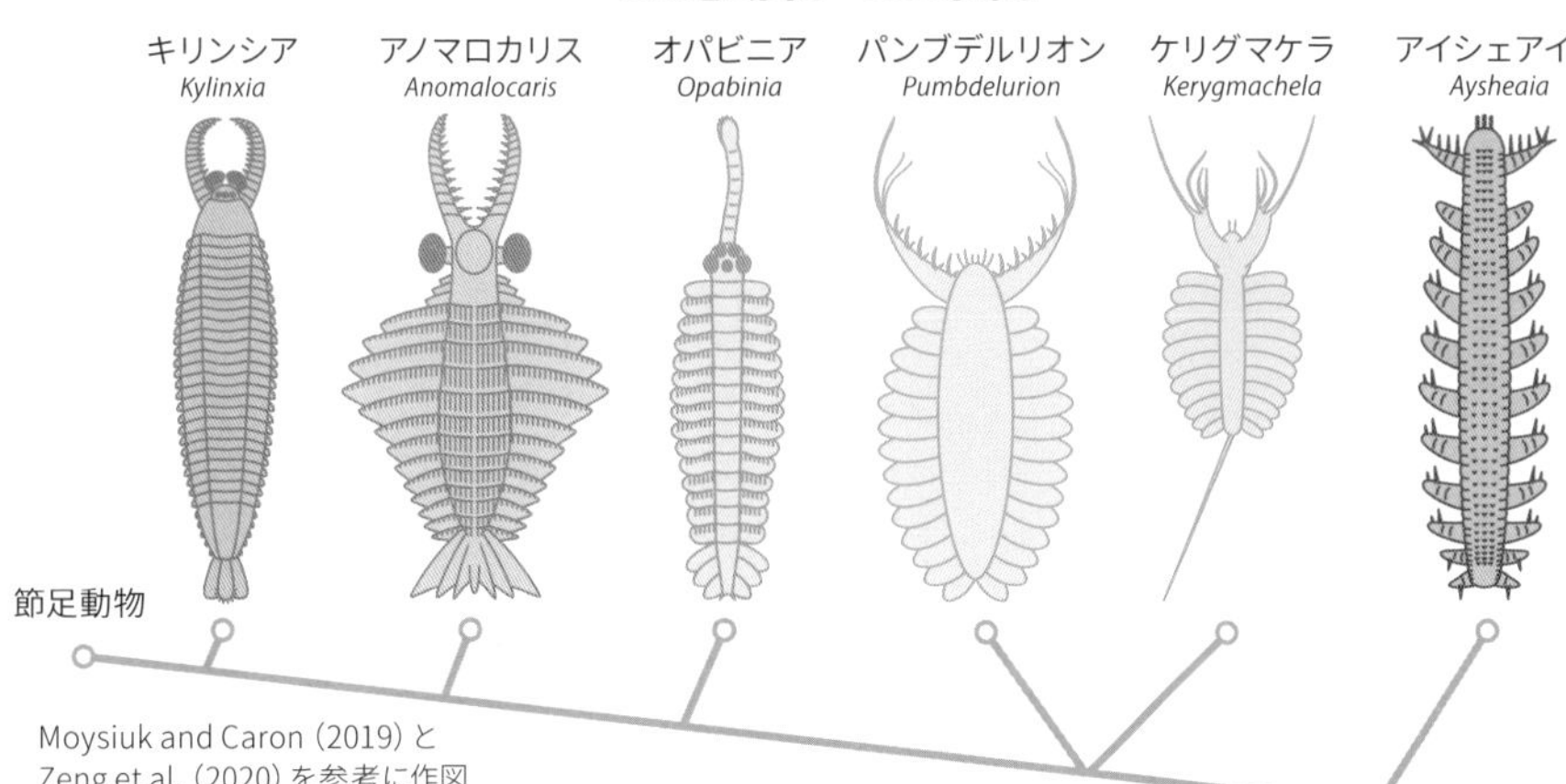

Moysiuk and Caron (2019) と
Zeng et al. (2020) を参考に作図

それは、巨大な動物だった

カンブリア紀になると、さまざまな動物が化石として残るようになる。現生生物との関係性が謎とされる種類も少なからずいるものの、多くの動物が現生動物と同じ分類群に属するとみられている。

あしやひれをもつものも出現した。トゲや口をもつものも現れた。硬い殻をもつものもいた。

本格的な「食う・食われる」がはじまった。

ただし、動物たちは小さかった。化石でわかる限り、大半の動物のサイズは、全長10センチメートル未満だった。

そんな世界で、鋭いトゲのついた大きな〝触手〟を2本もち、細かなレンズがびっしりと並んだ大きな眼をもち、からだの左右には多数のひれが並んだ狩人がいた。頭部の底には、円形の口が開く。そのサイズは、全長60センチメートル以上。

他者を圧倒するその動物の名前を「アノマロカリス」という。生命史上初めて出現した「覇者」だ。

無脊椎動物の躍進

アノマロカリスは、「ラディオドンタ類」と呼ばれる無脊椎動物グループの代表種だ。

ラディオドンタ類は、「節足動物」誕生の鍵を握るグループとされる。

節足動物は、現生のグループとして昆虫類やクモ類、甲殻類などを擁する巨大分類群である。現在の地球で最も繁栄しているグループだ。

節足動物の誕生は、カンブリア紀だったとみられている。カンブリア紀に登場した祖先から次々と新たな特徴をもつ動物たちが出現し、節足動物の誕生につながった。カンブリア紀は、節足動物にとって、大きな躍進の時代だった。

アノマロカリスの属するラディオドンタ類は、節足動物が誕生する〝直前のグループ群〟とされている。当時の節足動物は、〝より祖先的なグループ〟と共存していたのだ。

節足動物誕生に関する系譜の最初期付近に位置付けられているグループは、「アイシェアイア」などに象徴される。このグループは、「有爪動物とその近縁種」（葉足動物）から構成されている。

アイシェアイアは、全長6センチメートルほど。掃除機のホースのようなからだで、逆円錐形のあしが多数並んでいた。このあしには小さな爪がある。

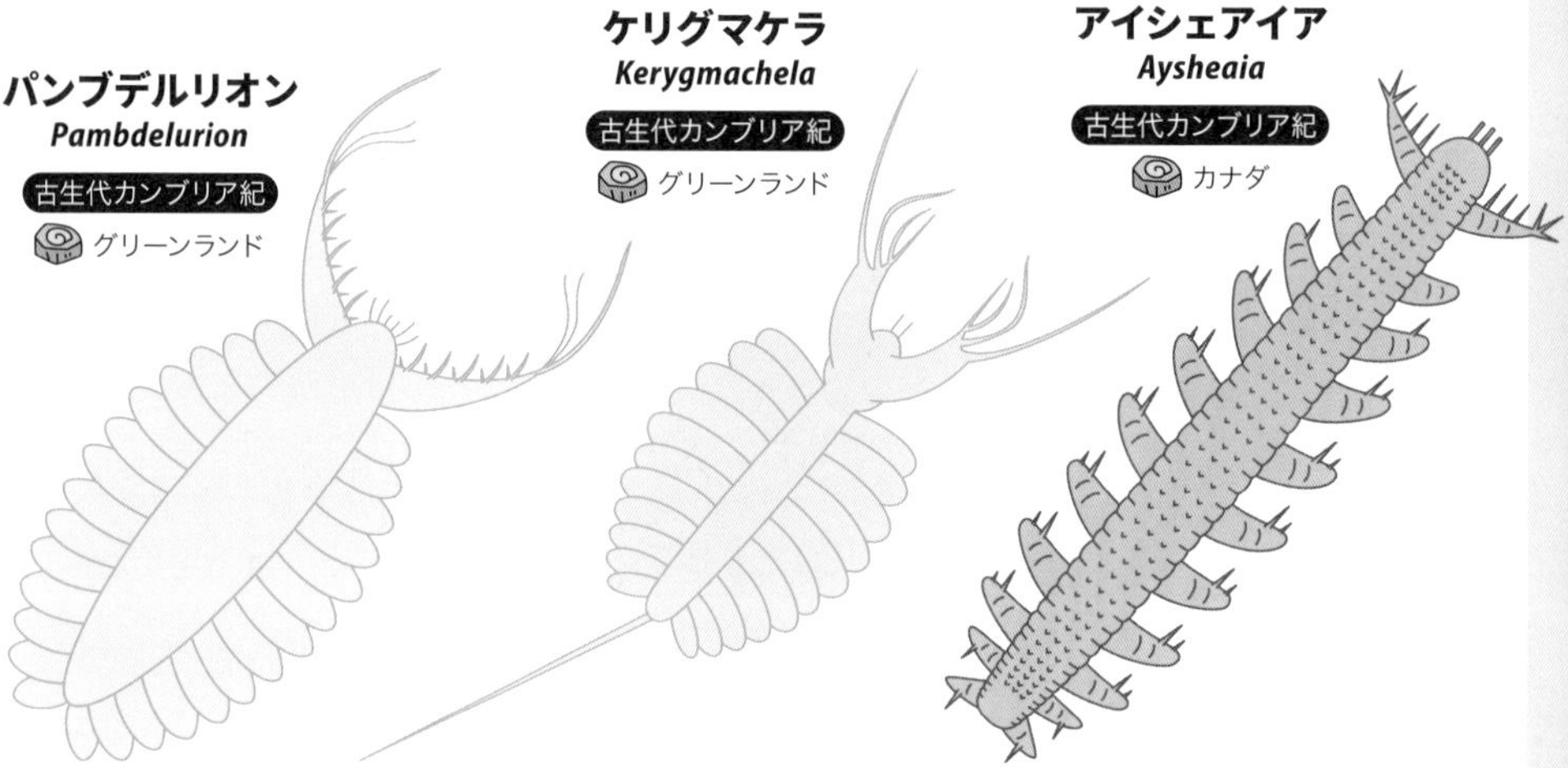

アイシェアイア
Aysheaia
古生代カンブリア紀
カナダ

ケリグマケラ
Kerygmachela
古生代カンブリア紀
グリーンランド

パンブデルリオン
Pambdelurion
古生代カンブリア紀
グリーンランド

節足動物の誕生へ一歩進んだ存在として、「ケリグマケラ」を挙げておこう。

ケリグマケラは細長いからだをもち、その脇には多数のひれがあった。からだの下には逆円錐形のあしが並び、頭部の先端には大きな触手を2本もっていた。アイシェアイアとアノマロカリスの両方の特徴をもつ。全長は20センチメートル前後。

ケリグマケラと〝ほぼ同格〟の動物もいる。その名前は、「パンブデルリオン」。その全長は46センチメートルに達した。

パンブデルリオンの形は、ケリグマケラとよく似ている。細長いからだ、左右に並ぶひれ。2本の大きな触手。そして、アノマロカリスのものと似た円形の口も備えていた。

新たな動物が出現したのだった

アイシェアイア、ケリグマケラ、パンブデルリオンと〝順調に〟アノマロカリスに〝近づいて〟きたものの、まるで「ちょっと寄り道」したかのような種類が登場している。「オパビニア」である。

オパビニアは全長10センチメートルほどの無脊椎動物で、細長いからだとその左右に並ぶひれ、円錐形のあし、円形の口など、パンブデルリオンとアノマロカリスの両方の特徴を兼ね備えていた。

しかし、奇妙な点もあった。まず、頭部からのびる触手は1本だけだ。アノマロカリス、ケリグマケラなどと比べると1本少ないのだ。しかもその先端は、まるでハサミのように切れ込みがあった。

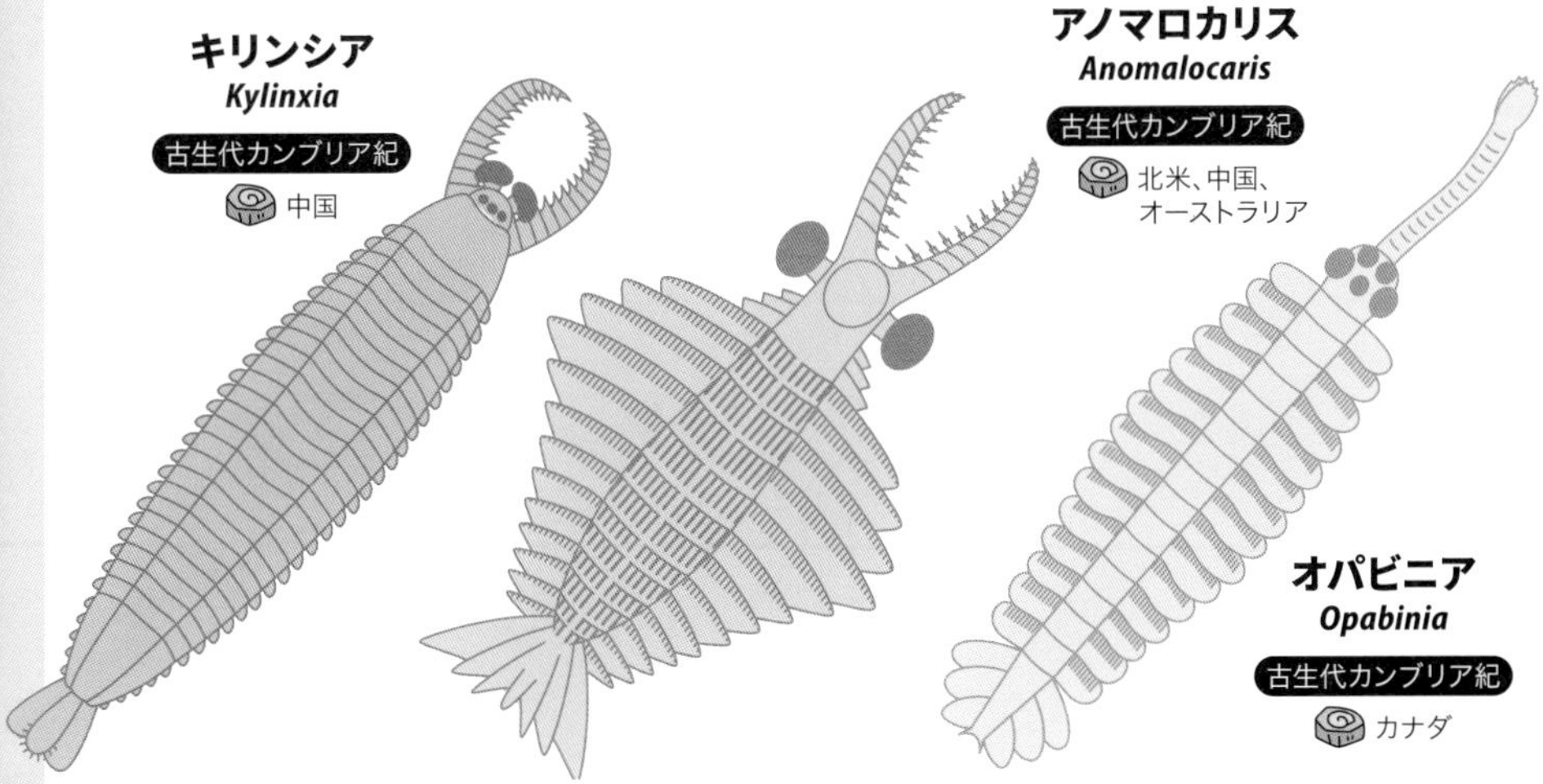

キリンシア
Kylinxia
古生代カンブリア紀
中国

アノマロカリス
Anomalocaris
古生代カンブリア紀
北米、中国、オーストラリア

オパビニア
Opabinia
古生代カンブリア紀
カナダ

また、眼の数も異様だ。頭部に並ぶその数は合計5個もあったのだ。

アノマロカリスに代表されるラディオドンタ類は、オパビニアのような動物の一歩先に位置付けられている。

そして、「キリンシア」が登場した。全長5センチメートルほどのこの動物は、ラディオドンタ類のような2本の触手をもつ一方で、オパビニアのような五つの眼をもち、からだは節に分かれ、その節の下にはあしが並んでいた。ラディオドンタ類と節足動物をつなぐ存在とされる。

ラディオドンタ類とその近縁のグループをめぐる情報は、近年続々と更新されており、大きな注目が集まっている。ここで紹介した〝流れ〟が過去のものとなる日も遠くないのかもしれない。

ラディオドンタ類(るい)
Radiodonta

僕ら、噂の「ラディオドンタ類」

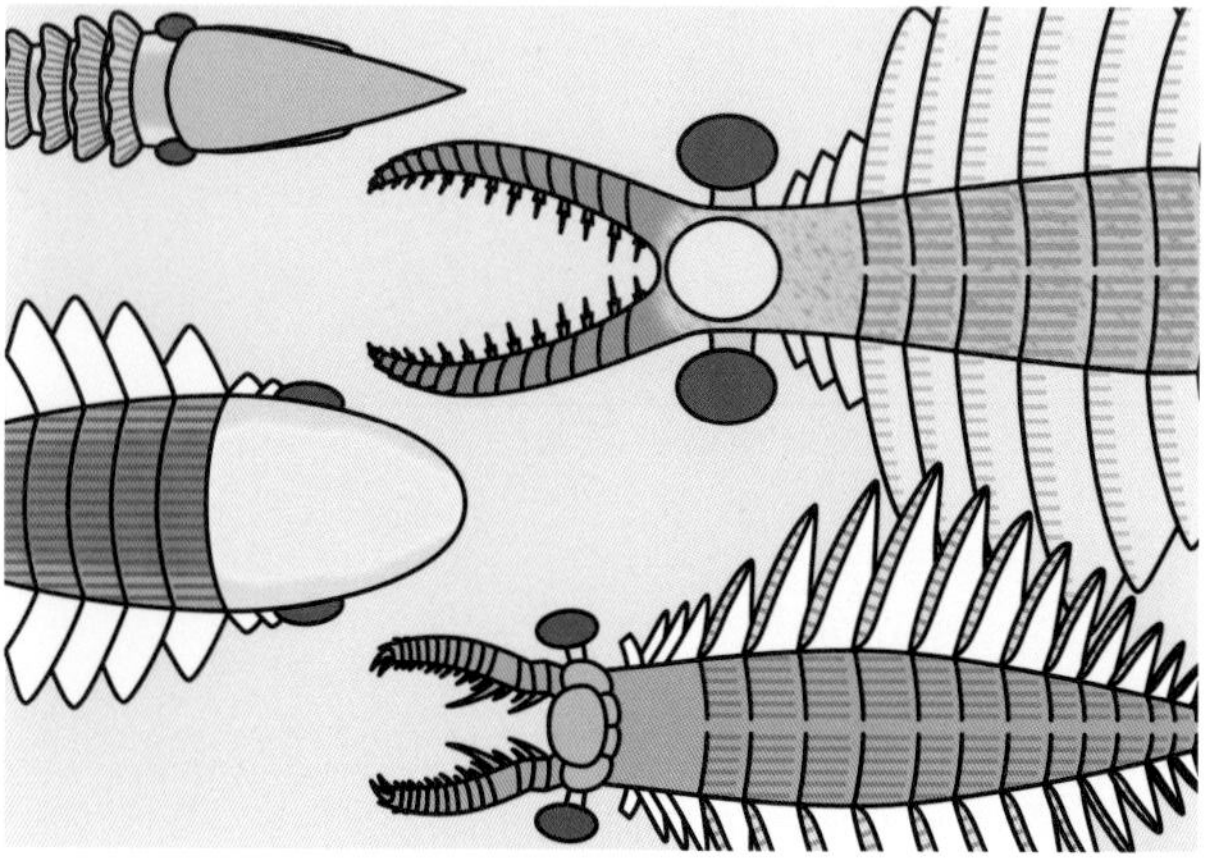

アノマロカリス・カナデンシス
タミシオカリス
アムプレクトベルア
ペイトイア
フルディア

多様な〃触手〃をもつ仲間たち

ラディオドンタ類の分類の要は、俗に「触手」と呼ばれる部分で、学術的には「付属肢」という。いわゆる「あし」のことで、ラディオドンタ類だけの特徴ではない。

ただし、ラディオドンタ類の付属肢は、頭部にある1対2本しかないという特徴がある。

ラディオドンタ類における〃進化の順番〃は、研究者によって見解の相違がある。今回は2019年に発表の論文を参考に話を進めよう。

最初期のラディオドンタ類の付属肢は、「アノマロカリス・カナデンシス」がもつとされる。そのつくりはシンプルで、腹側に先端が三叉になったトゲが並ぶだけだった。

アノマロカリス・カナデンシスに近縁とされる「タミシオカリス」の付属肢は、腹側に並ぶ細いトゲのそれぞれに細かなトゲがびっしりとついてた。これによって、プランクトンなどを捕まえていたとされる。

アノマロカリス・カナデンシスやタミシオカリスの〃一歩先〃と考えられているラディオドンタ類が「ア

ラディオドンタ類の系統

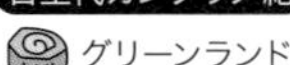

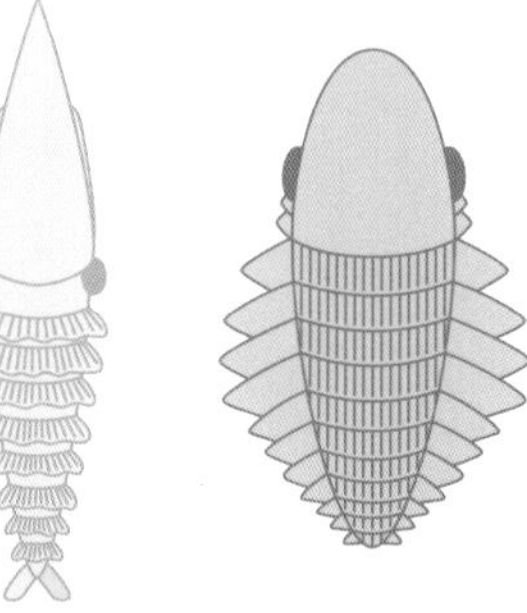
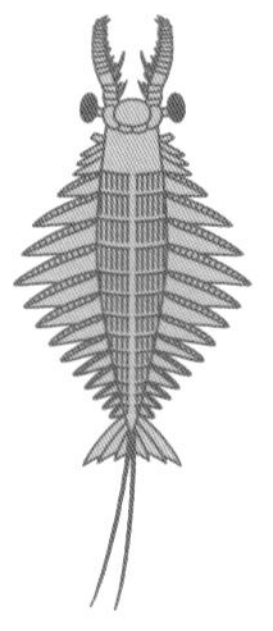

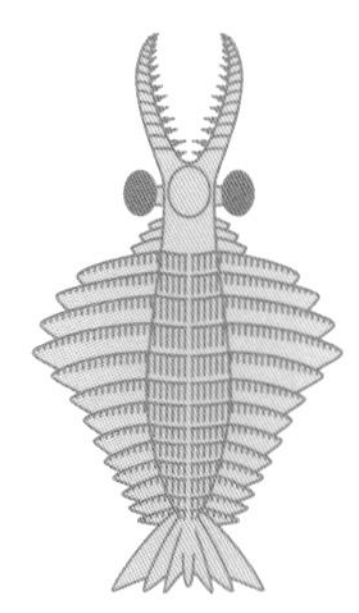

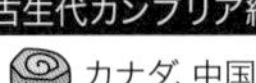

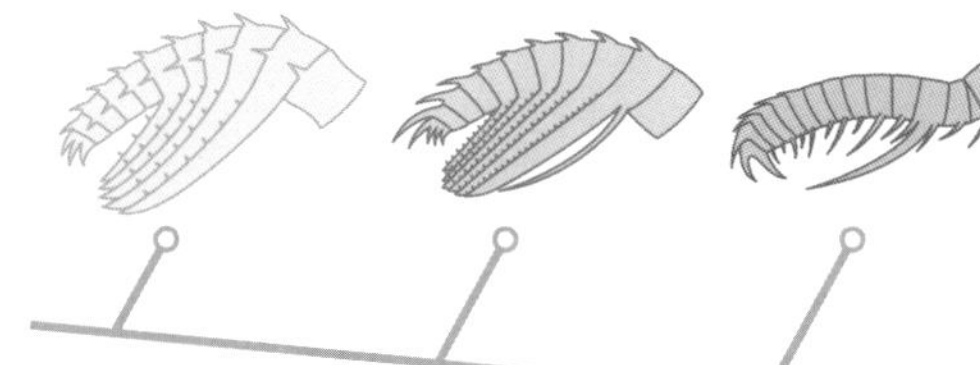

Moysiuk and Caron（2019）を参考に作図

ムプレクトベルア」。その付属肢は、どことなくカナデンシスのそれに似ているけれども、付け根に大きな突起が発達していた。

そのさらに〝一歩先〟に位置付けられているのは、「ペイトイア」だ。付属肢は、腹側に細かなノコギリ構造が並んでいた。

最も進化的な付属肢とされるのは「フルディア」やその仲間がもつタイプである。形状はペイトイアのものによく似ていて、ノコギリが腹側に並んで見える。しかし、付属肢自体のサイズがペイトイアのものよりも小さい。

ラディオドンタ類として15種以上が報告されているけれども、その中で最も数が多いのは、フルディアとその仲間だ。「フルディア類」と呼ばれるそのグループは、カンブリア紀からデボン紀まで長い歴史をもつ〝長命のグループ〟でもある。

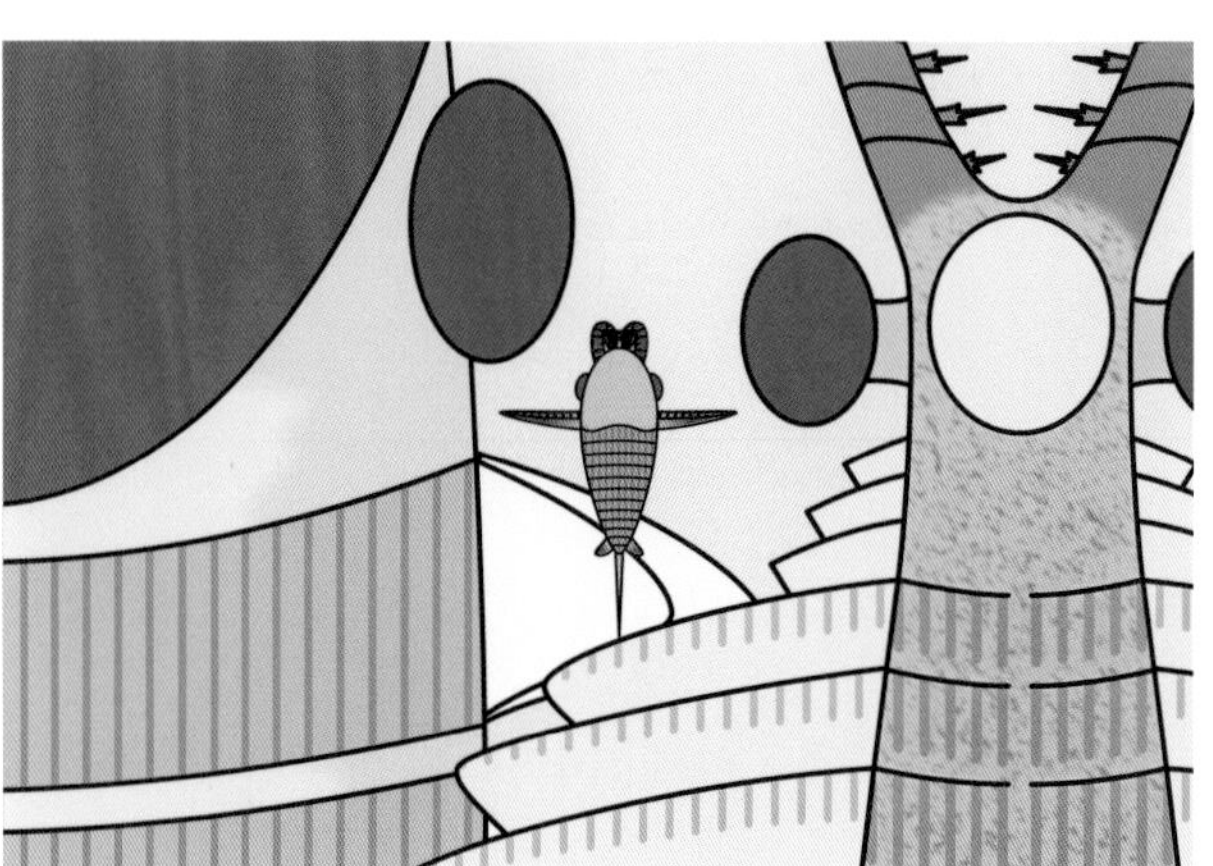

ラディオドンタ類(るい)
Radiodonta

大きくなって、小さくなって……

アノマロカリス・カナデンシス
エーギロカシス
シンダーハンネス

カンブリア紀で〝最大の狩人〟

ラディオドンタ類の歴史は、古生代カンブリア紀に始まり、デボン紀まで続いた。このうち、開幕当初のカンブリア紀がラディオドンタ類の多様性が最も高い。

カンブリア紀のラディオドンタ類で、その象徴的な存在は、「アノマロカリス・カナデンシス」だろう。多くの動物の全長が10センチメートルほどの海で、1メートルに達する巨体をもっていたとされる。付属肢には鋭いトゲが並び、カンブリア紀世界における狩人だったようだ。

オルドビス紀の〝優しい巨人〟

ラディオドンタ類は、オルドビス紀になって急速に多様性を減少させた。ただし、これが〝真実の減少〟なのか、それとも、ラディオドンタ類のような、比較的やわらかいからだをもつ動物の化石が残る地層が発見されていないことによる〝見かけの減少〟なのかは、わかっていない。

本書執筆時点において、オルドビス紀のラディオドンタ類として公式に報告されているのは、「エーギロ

ラディオドンタ類の系統

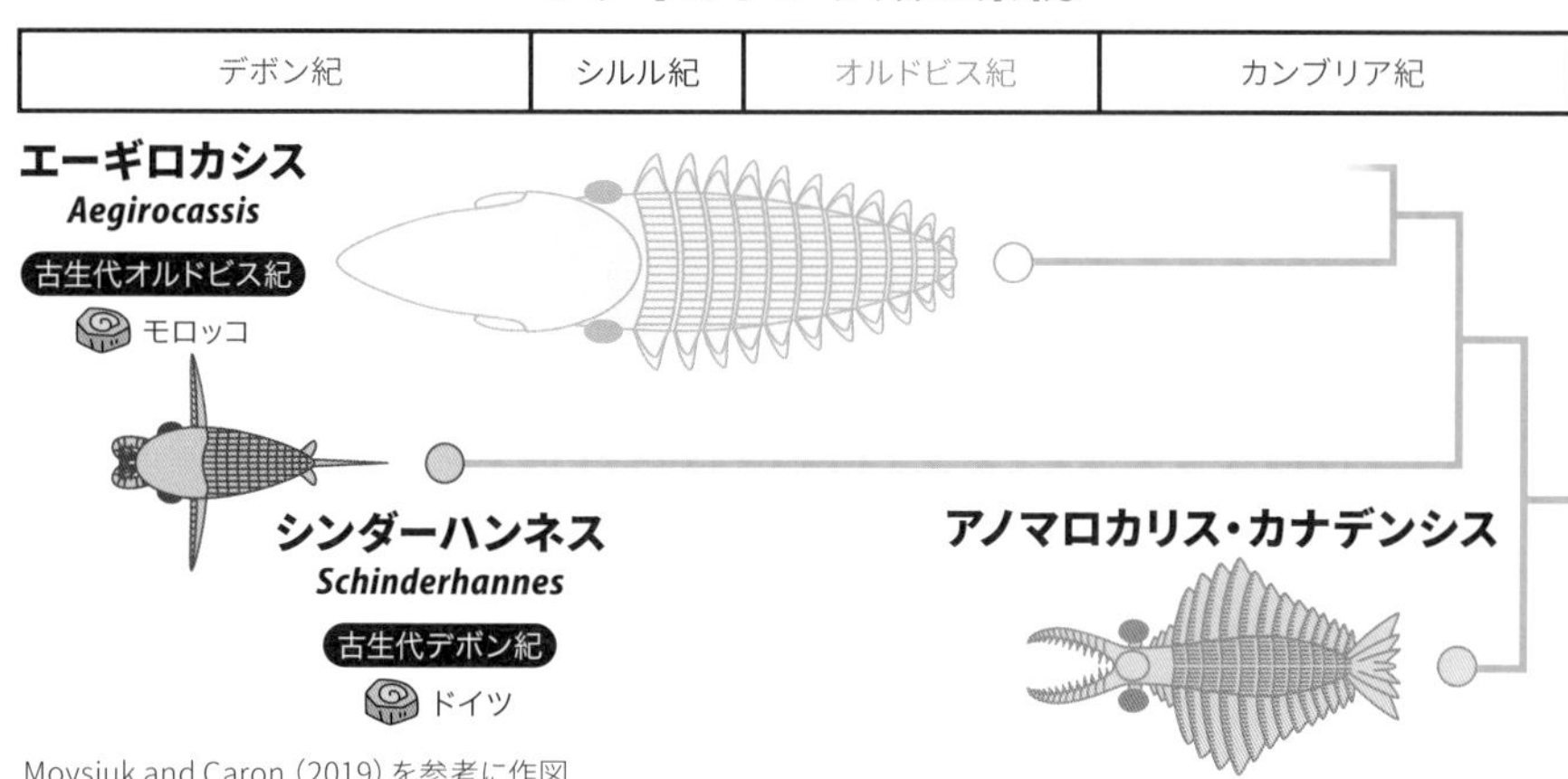

Moysiuk and Caron (2019) を参考に作図

カシス」だけだ。

エーギロカシスは、ラディオドンタ類の中でも、最も高い多様性を誇るフルディア類の〝生き残り〟だ。全長2メートルに達する巨体で、このサイズはオルドビス紀においては、少数派である。

全長のほぼ半分を大きな頭部が占め、からだの側面に「上下2列のひれ」が並ぶ。

付属肢は、からだの割には小さくて、腹側にはトゲではなく、櫛のような構造が連なっていた。しかも、この櫛の目はかなり細かい。

この付属肢の形状から、エーギロカシスはプランクトンや有機物などを採って食べていたのではないか、と考えられている。

エーギロカシスは〝やさしい巨人〟だったのかもしれない。

デボン紀の〝小さな末裔〟

古生代3番目の時代であるシルル紀の地層からは、ラディオドンタ類の化石は報告されていない。しかし、オルドビス紀にラディオドンタ類が絶滅したというわけではない。

シルル紀の次の時代であるデボン紀には、フルディア類に分類される「シンダーハンネス」がいたのだ。

シンダーハンネスの全長は10センチメートルほどだった。

シンダーハンネスは、（からだの割には）大きな眼、機能的なひれなどをもち、海を泳ぎ回る小型の狩人だったとみられている。

そして、シンダーハンネスの出現を最後にラディオドンタ類の命脈は途絶えることになる。今のところ、その先の化石はみつかっていない。

ウミサソリ類（るい）
Eurypterida

ボクらの天下でした。顎持ちのサカナさえいなければ……

ストエルメロプテルス
ユーリプテルス
ペンテコプテルス
アクチラムス

"はじめ"は"ソコ"にいました

古生代の前半期の海で、大繁栄を遂げた節足動物のグループがいた。そのグループは、「ウミサソリ類」。原始的なウミサソリ類は、イギリスから化石が発見された全長20センチメートルほどの「ストエルメロプテルス」に代表される。ずんぐりとしたからだと、鋭い尾剣（びけん）をもち、主に海底付近で暮らしていたとされる。

泳ぎが得意に"なりました"

ストエルメロプテルスよりも進化的とされるウミサソリ類の一つが、アメリカ、カナダ、ノルウェーなどから化石が発見されている「ユーリプテルス」だ。全長数十センチメートルほどのこのウミサソリ類は、ストエルメロプテルスとは大きく異なる点があった。

一対の付属肢の先端が、オールのように平たくなっていたのだ。このオールを使って、効率よく海中を泳ぎ回っていたのではないか、と考えられている。

そして、ユーリプテルスよりも進化的とされるのが「ペンテコプテル

ウミサソリ類の系統

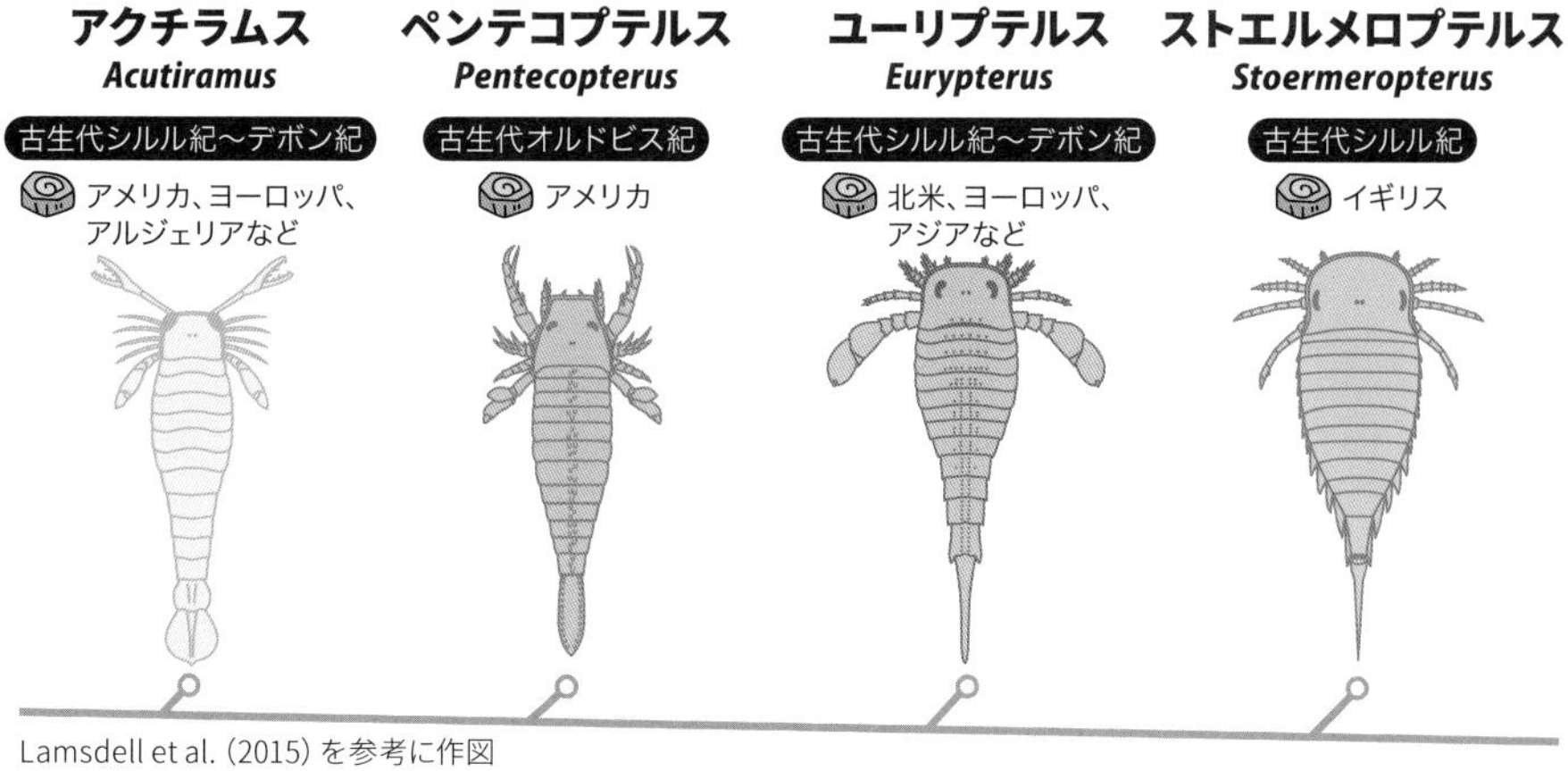

アクチラムス *Acutiramus*	ペンテコプテルス *Pentecopterus*	ユーリプテルス *Eurypterus*	ストエルメロプテルス *Stoermeropterus*
古生代シルル紀～デボン紀	古生代オルドビス紀	古生代シルル紀～デボン紀	古生代シルル紀
アメリカ、ヨーロッパ、アルジェリアなど	アメリカ	北米、ヨーロッパ、アジアなど	イギリス

Lamsdell et al. (2015) を参考に作図

ス」だ。ユーリプテルスと同じようなオール型の付属肢をもつペンテコプテルスは、ユーリプテルスとはちがって各付属肢の長さに大小のちがいがあり、そして、何よりもそのサイズが大きかった。全長は、現代日本人男性の成人並みの1・7メートルに達する。また、尾剣はストエルメロプテルスやユーリプテルスよりも幅広で、まるで幅広の剣(クレイモア)のようだ。

ペンテコプテルスよりも進化型で、さらに大型のウミサソリ類が、「アクチラムス」だ。その全長は実に2メートルに達していた。大きな眼をもち、そして、ストエルメロプテルスやユーリプテルス、ペンテコプテルスではあまり目立たなかった鋏角(きょうかく)が大きく発達し、ハサミのようになっていた。尾剣は団扇のように広がり、垂直構造も発達し、まるで垂直尾翼のようなつくりだった。もはや「尾剣」とは呼べない形状だ。おそらく水中で姿勢を安定させる際に役立ったとみられている。

進化のパラドックス

ここで紹介した4種類のウミサソリ類の中で、実は進化型のペンテコプテルスが最も古い。そのため、原始的なストエルメロプテルスやユーリプテルスのような種が、もっと古い時代にもいたと考えられている。

これは、化石記録の不完全性によるパラドックスで、古生物学ではよくある。

ウミサソリ類は、顎を備えたサカナが台頭するまでは大いに繁栄した。しかし、その後、アゴのある魚が登場したころから急速に衰退していった。

ウミサソリ類(るい)
Eurypterida

似ていても、生き様はちがいます

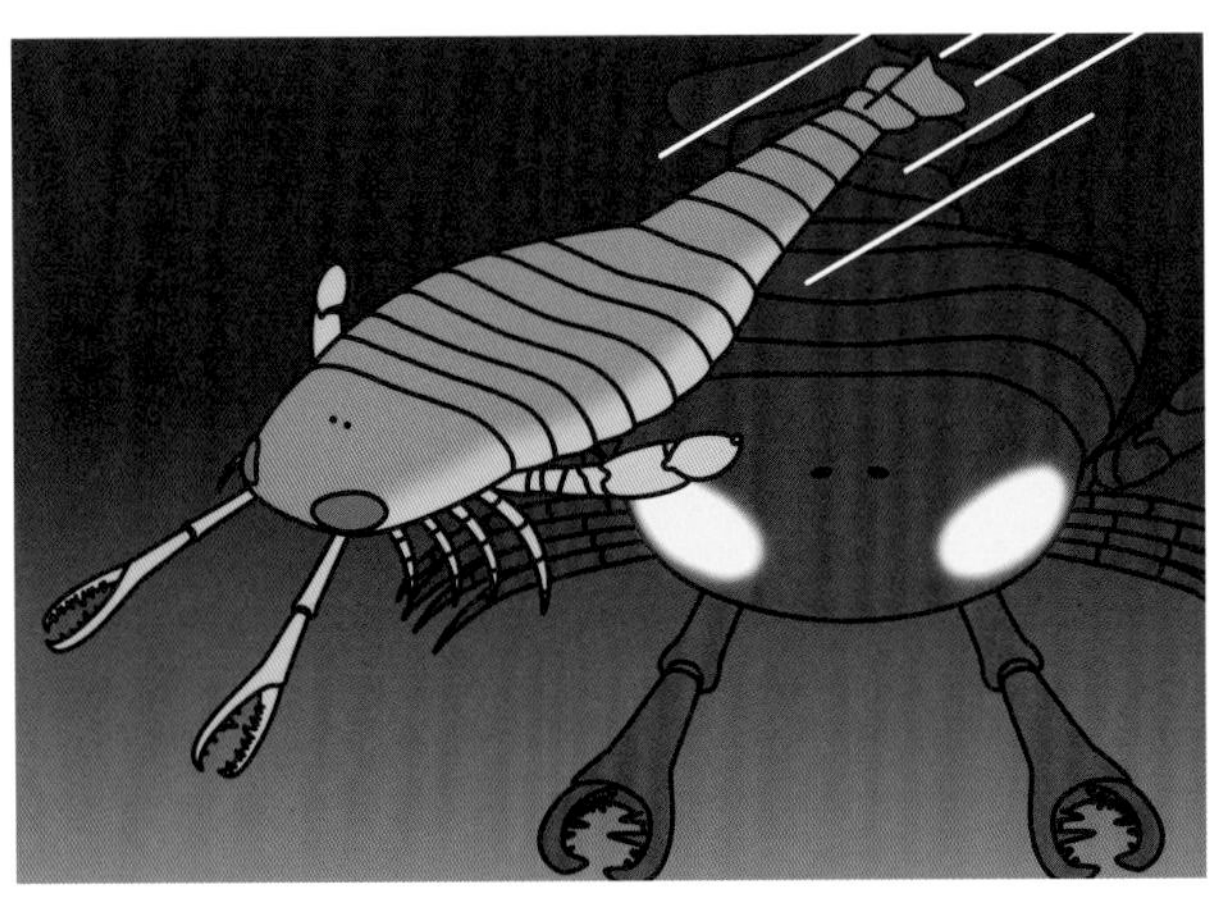

ひっそりと〝巨人〟

古生代の、とくに前半期の海で繁栄したウミサソリ類。約250種とされるその多様性の中で、シルル紀とデボン紀に生息していた「アクチラムス」は、最大級のからだをもつことで知られている。

アクチラムスの全長は2メートル。6対の付属肢のうち、先頭の1対は前方に長く伸び、その先には大きなハサミがついていた。2番目～5番目の付属肢は歩行用だ。そして最後尾の付属肢は先端が平たくなり、オールのような形状になっていた。この形状は遊泳の際に役立ったと考えられている。

尾部の先端は団扇のように広がっていて、中軸部には垂直に立つ板のような構造があった。この構造は、現代の飛行機でいえば垂直尾翼に近い。水中で姿勢を安定させるために役立ったとされる。

そして、頭部には、大きな複眼が二つあった。

巨体に大きなハサミ、大きな眼。恐ろしい印象を感じるかもしれない。しかし、その生態は〝ひっそり型〟で、

アクチラムス
プテリゴトゥス

縦横無尽に海を泳ぎ回るのではなく、ゆったりと狩りをしていたのではないかとされる。

巨人に似た姿の狩人

アクチラムスとよく似た姿をもち、同じ時代に似たような海域で暮らしていたウミサソリ類が、「プテリゴトゥス」だ。

あまりにもよく似た姿をしているため、研究者によってはアクチラムスをプテリゴトゥスの仲間（亜属）に位置付けている。実際、近縁であったことに異論はないようだ。

姿はよく似ているけれども、プテリゴトゥスはアクチラムスよりもかなり小型だった。全長は60センチメートルほどしかない。もっとも、このサイズは、ウミサソリ類全体をみれば、大型に分類される。

異なるのはサイズだけではない。その生態は〝積極的な狩人型〟と考えられており、海の中を自在に泳ぎ回って獲物を狩っていたようだ。

眼は口ほどにものをいう

こうした生態の根拠となっているのは、複眼をつくるレンズの数だ。アクチラムスの複眼が1千～2千個のレンズで構成されていることに対し、プテリゴトゥスの複眼のレンズは4千個を超えていた。

複眼のレンズは、数が多ければ多いほど解像度が高く、高速で動く物体も捉えやすくなる。眼だけが高性能だったとは考えにくい。そのため、レンズの数が多い複眼をもつ古生物ほど、自身も高速移動が可能だったと考えられている。

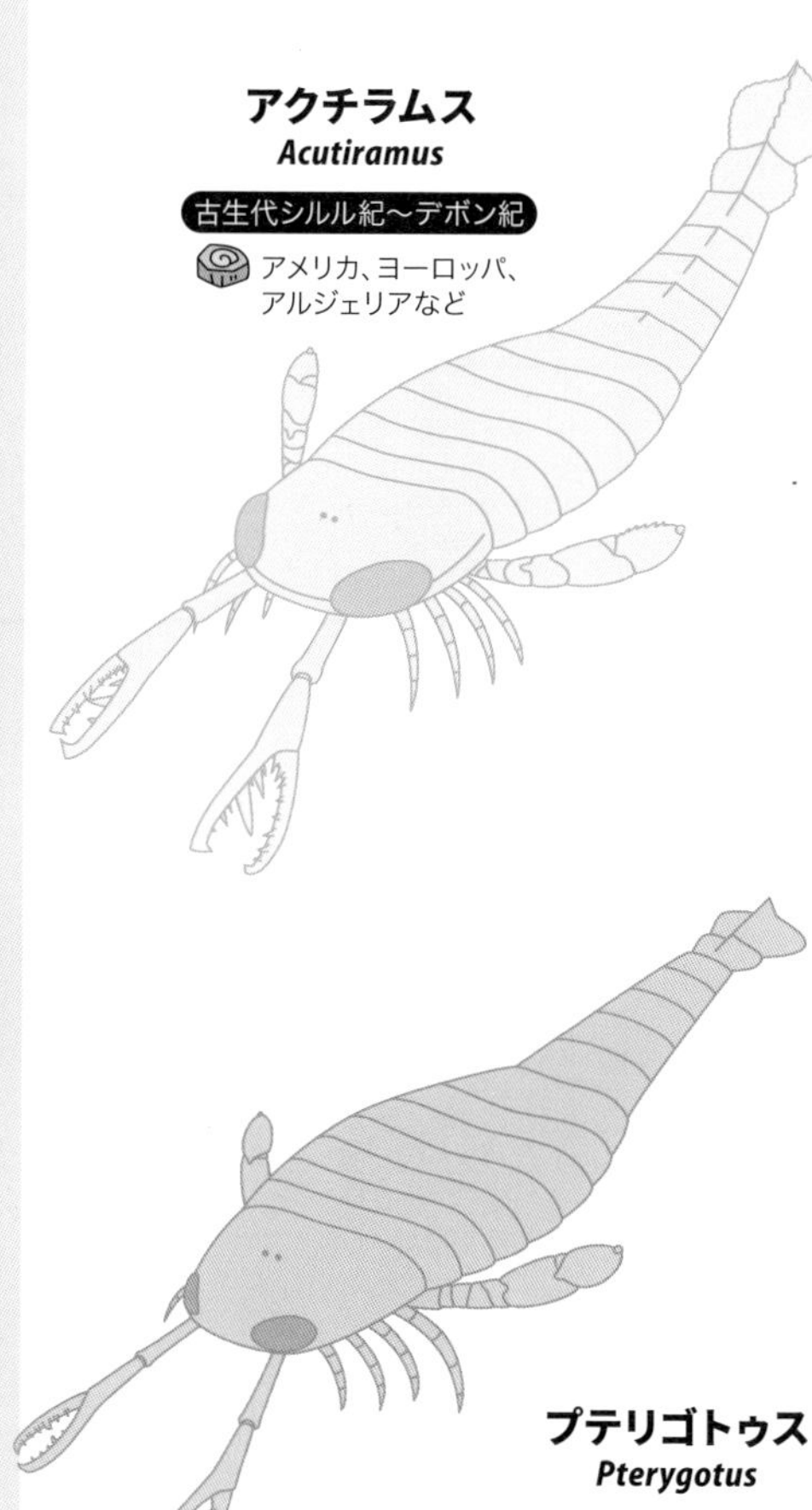

マレロモルフ類(るい)
Marrellomorph

小さな動物の2億年進化

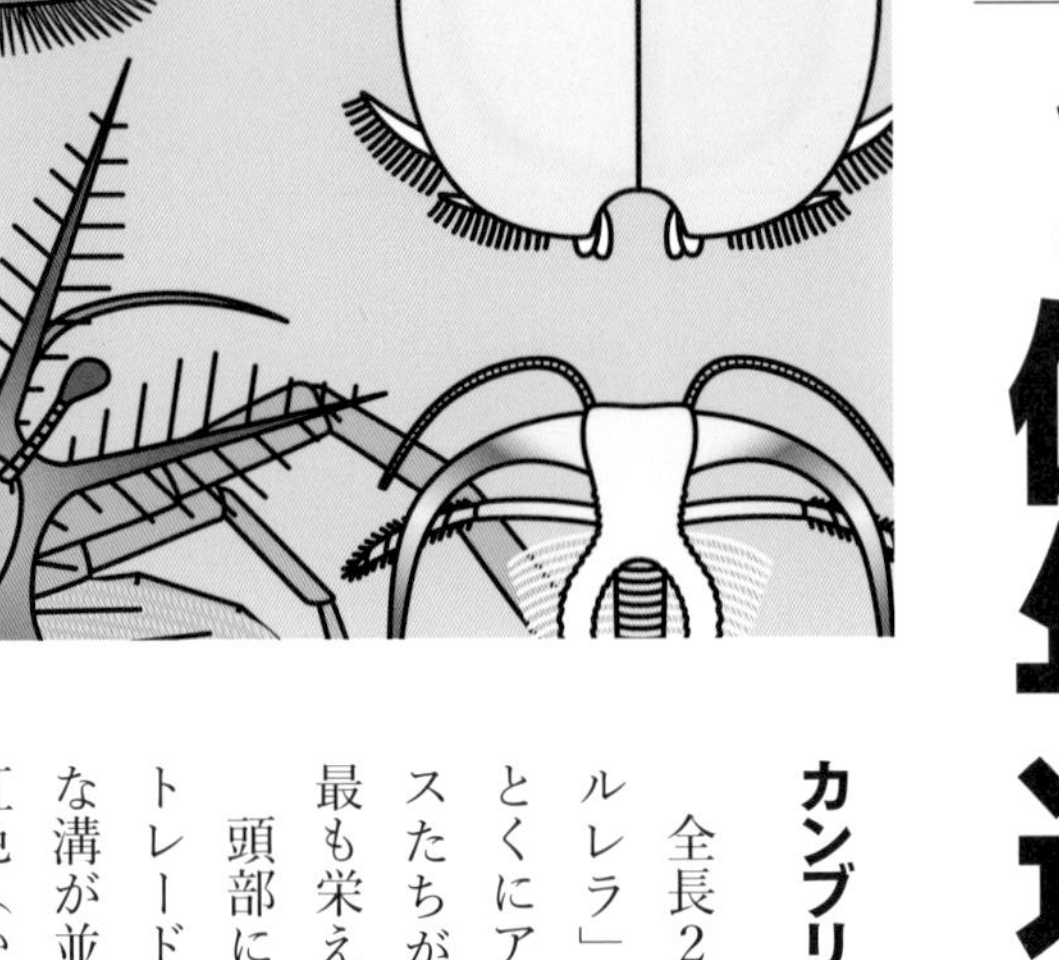

カンブリア紀のカラフルな先駆者

全長2センチメートルほどの「マルレラ」は、古生代カンブリア紀、とくにアノマロカリス・カナデンシスたちが泳いでいたカナダの海で、最も栄えていた節足動物の一つだ。

頭部に発達した2対4本のツノをトレードマークとする。表面に細かな溝が並び、その溝が光を反射して虹色（いわゆる構造色）に見えた。

このマルレラに代表されるグループを「マレロモルフ類」と呼ぶ。

オルドビス紀のシンプルな仲間

上から見た姿が、〝ヒト型のキャラクター〟に見える。そんな〝シンプルな〟マレロモルフ類が「フルカ」だ。化石は、オルドビス紀のチェコから発見されている。

デボン紀のあしなが仲間

マレロモルフ類の命脈は、デボン紀まで確認されている。ドイツから化石が発見されている「ミメタスター」がその一つ。

ミメタスターは、背中に〝6方向

マルレラ
フルカ
ミメタスター
キシロコリス

マレロモルフ類の系統

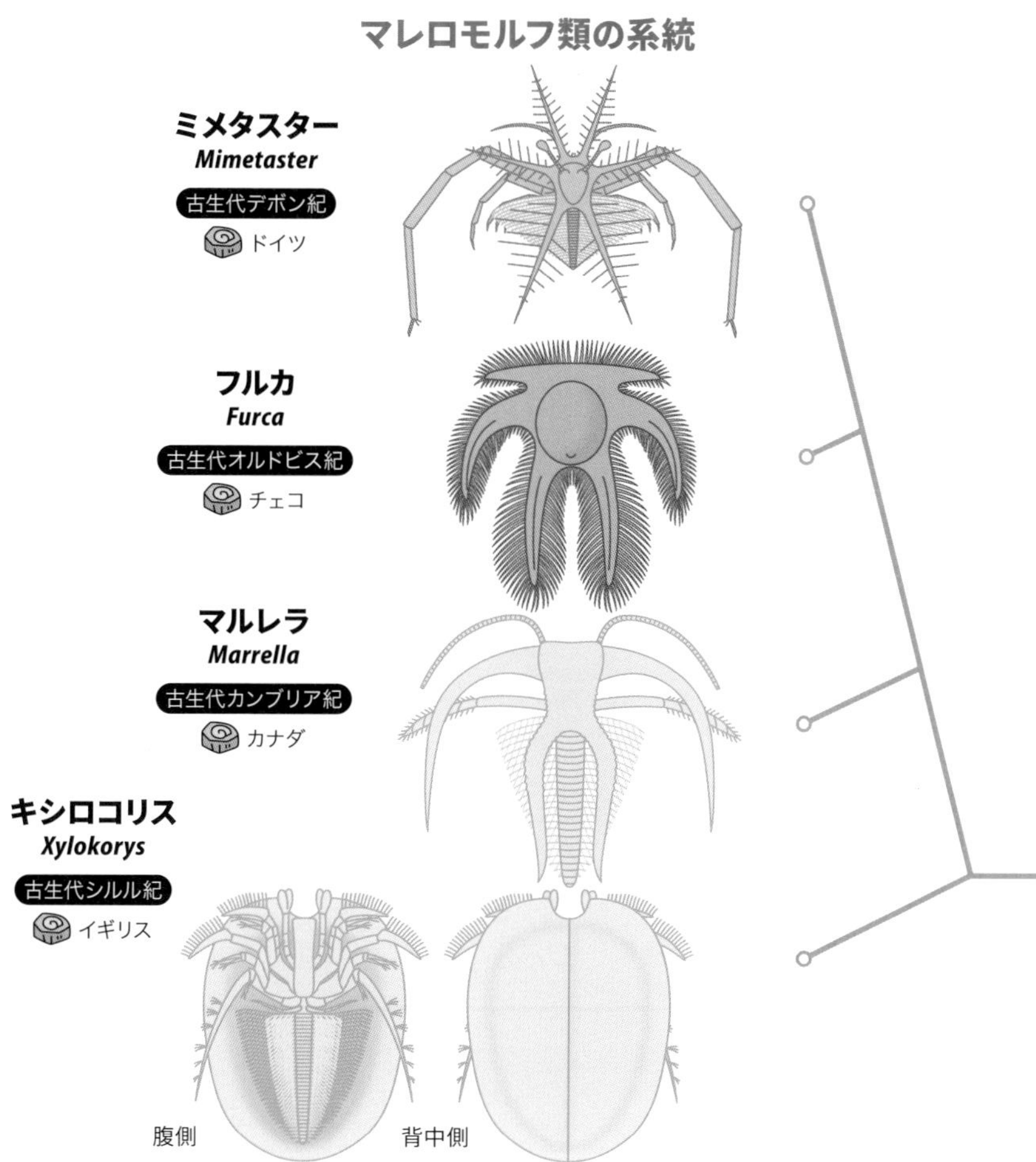

Aris et al. (2017) を参考に作図

にのびる八木アンテナ〟をもっていた。また、あしの1対が妙に長い。

今のところ、ミメタスターが〝最後のマレロモルフ類〟の一つ。カンブリア紀からデボン紀まで命脈があるという点では、ラディオドンタ類(140ページ)とよく似ている。

シルル紀のヘルメット

マレロモルフ類には、マルレラからミメタスターへと連なる系統のほかに、〝殻を背負う系統〟もあった。

イギリスのシルル紀の地層から発見されている全長3センチメートルの「キシロコリス」はその系統の代表的な存在。殻の下はマルレラとよく似ているが、ヘルメットのような殻を背負っていた。

こちらの系統もその〝命脈〟は、デボン紀まで続いた。

コラム
Column

石炭紀のモンスター

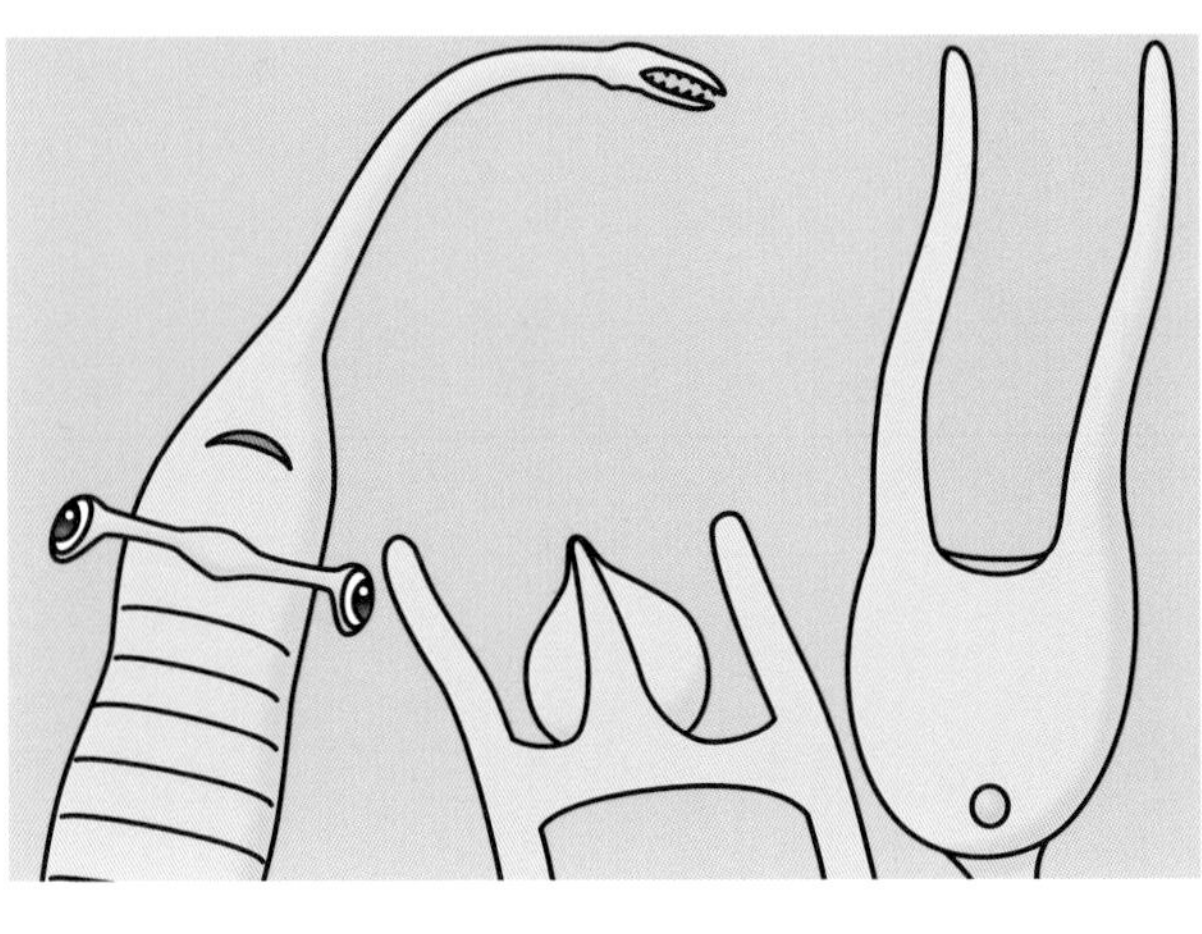

ヤツメウナギなモンスター?

古生物の中には、なにやらよくわからない姿をしたものも多い。分類不明。生態不明。いったいどんな生物なのか謎だらけ。

アメリカの古生代石炭紀の地層から化石が発見されている「ターリーモンスター」こと「ツリモンストラム」もその一つ。

ツリモンストラムは、平たく細長い胴体で、その前端は細長くチューブ状に伸び、その先に歯のような突起を備えたハサミ構造をもつ。後端は菱形のひれとなっている。胴体部分の前端に近い位置から左右に棒状の柄がのび、その先に眼があるという〝不思議っぷり〟だ。全長は約40センチメートル。

2016年には、さまざまな特徴を検証し、ツリモンストラムは脊椎動物、とくにヤツメウナギの仲間ではないか、と指摘された。

しかし2017年、その論文で「脊椎動物の証拠」と挙げられた特徴が、有り体に言えば「勘違い」であると指摘され、モンスターはモンスターに戻っている。

無脊椎動物復元

脊椎動物復元

ツリモンストラム
Tullimonstrum
古生代石炭紀
アメリカ

Hとかyとか

ツリモンストラムの化石を産出する地層からは、他にも不思議な生物の化石がみつかっている。

一つは、「エタシスティス」と名付けられたもの。アルファベットの「H」のような姿をしており、「H」の横棒の中央付近にハート型の嚢がある。この嚢のつけねに口らしき構造があるらしい。不思議な姿をもつこの生物は「ザ・H」の愛称で知られている。大きさは高さ・幅ともに7センチメートルほど。

「ザ・Y」の愛称をもつものもいる。「Y」の形状をもち、「Y」の〝分岐点〟付近が膨らんで嚢状になっている。この側面に肛門があり、嚢の上には口があるとされる。大きさは高さ10センチメートル前後だ。

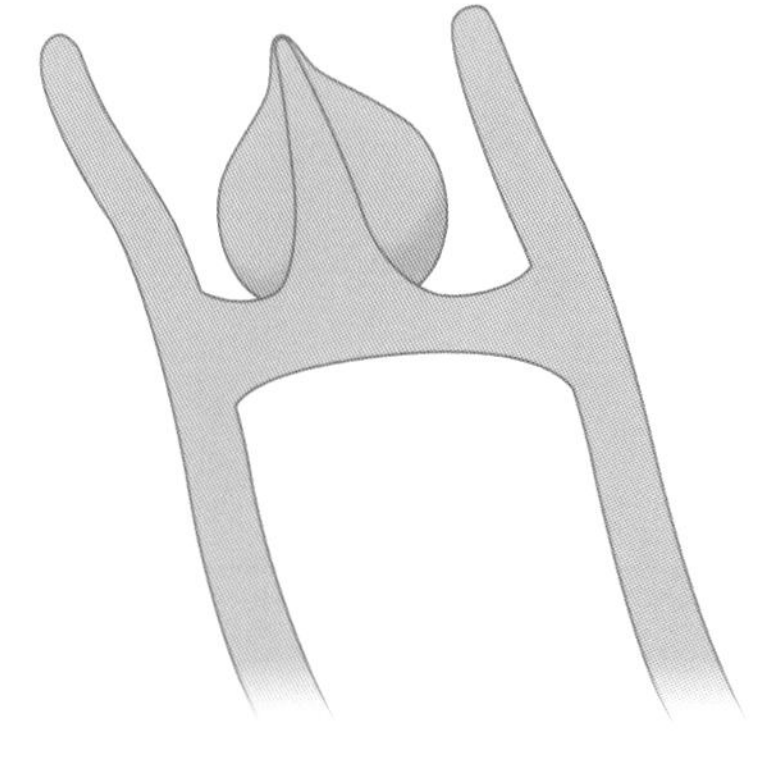

エタシスティス
Etacystis
古生代石炭紀
アメリカ

エスクマシア
Escumasia
古生代石炭紀
アメリカ

おわりに

58話の〝移り変わりの物語〟をお届けしました。
みなさんにお馴染みの、あの動物も、
図鑑や博物館でよく見るあの古生物も、
その祖先は意外な姿をしていたことをご確認いただけたかと思います。
あるいは、本書をきっかけに「え？ こんな歴史をたどった古生物がいたの⁉」と、新たな発見を感じていただけたのでしたら、幸いです。

もとより、古生物学は、科学の一分野。

そして、科学は日進月歩で進むものです。

本書執筆の時点で、〝移り変わりの物語〟に複数の仮説が存在するものもありましたし、おそらくほとんどの物語は、これからの研究の進展で更新されていくことでしょう。

ですから、この本の58話の物語が、〝完全無欠の真理〟とは限りません。

でも、それでこそ、科学です。

一つの〝移り変わりの物語〟を知っていれば、その後、どのような理由で、どのように更新されたのか、あるいは、〝別の物語〟があるのかに好奇心の枝葉を伸ばすことができるはず。

そのきっかけの一助として、本書が役に立てるのなら、この企画はある面で成功であるといえると思います。

でも、そんな〝難しい話〟に身構える必要はありません。

生命がその進化の中でたどってきた〝形の変化〟。

それは、ちょっと奇妙で、なんとも不思議で、そして、ワクワクする物語。

そんなワクワクをシンプルに味わっていただけたのであれば、筆者としてはこれに勝る喜びはありません。


そんなワクワクこそが、古生物学のもつ「知的好奇心」の一翼であると信じます。

このページまでたどり着き、読んでいただいているあなたに、再びの感謝を。

ありがとうございます。

相変わらず、コロナ禍の中にあります。

本書で味わうことができるであろう知的好奇心が、少しでもあなたの心に「ワクワク」をお届けできたことを祈りつつ、今回の筆を置きたいと思います。

あなたの古生物ライフが、引き続き楽しいものとなりますように。

2021年春　筆者

◆もっと詳しく知りたい読者のための参考資料

本書を執筆するにあたり，とくに参考にした主要な文献は次の通り。

※本書に登場する年代値は、とくに断りのないかぎり、
International Commission on Stratigraphy，2020/03，INTERNATIONAL STRATIGRAPHIC CHART
を使用している。

《一般書籍》

『アンモナイト学』編：国立科学博物館，著：重田康成，2001年刊行，東海大学出版会

『驚くべき世界の野生動物生態図鑑』監修：スミソニアン協会，2017年刊行，日東書院本社

『海洋生命5億年史』監修：田中源吾，冨田武照，小西卓哉，田中嘉寛，著：土屋 健，2018年刊行，文藝春秋

『学名で楽しむ恐竜・古生物』監修：芝原暁彦，著：著：土屋 健，絵：谷村 諒，2020年刊行，イースト・プレス

『恐竜・古生物ビフォーアフター』監修：監修：群馬県立自然史博物館，著：土屋 健，2019年刊行，イースト・プレス

『恐竜ビジュアル大図鑑』監修：小林快次，藻谷亮介，佐藤たまき，ロバート・ジェンキンズ，小西卓哉，平山 廉，大橋智之，冨田幸光，著：土屋健，2014年刊行，洋泉社

『古生物食堂』監修：松郷庵甚五郎二代目，古生物食堂研究者チーム，著：土屋 健，絵：黒丸，2019年刊行，技術評論社

『古生物たちのふしぎな世界』協力：田中源吾，著：土屋 健，2017年刊行，講談社

『古第三紀・新第三紀・第四紀の生物 上巻』監修：群馬県立自然史博物館，著：土屋 健，2016年刊行，技術評論社

『古第三紀・新第三紀・第四紀の生物 下巻』監修：群馬県立自然史博物館，著：土屋 健，2016年刊行，技術評論社

『ジュラ紀の生物』監修：群馬県立自然史博物館，著：土屋 健，2015年刊行，技術評論社

『小学館の図鑑 NEO 動物』指導・執筆：三浦慎吾，成島悦雄，伊澤雅子，吉岡 基，室山泰之，北垣憲仁，協力：横山 正，画：田中豊美ほか，2002年刊行，小学館

『新版 絶滅哺乳類図鑑』著：冨田幸光，伊藤丙男，岡本泰子，2011年刊行，丸善株式会社

『世界動物大図鑑』編集：デイヴィッド・バーニー，2004年刊行，ネコ・パブリッシング

『世界のクジラ・イルカ百科図鑑』著：アナリサ・ベルタ，2016年刊行，河出書房新社

『生命と地球の進化アトラス2』著：ドゥーガル・ディクソン，2003年刊行，朝倉書店

『そして恐竜は鳥になった』監修：小林快次，著：土屋健，2013年刊行，誠文堂新光社

『デボン紀の生物』監修：群馬県立自然史博物館，著：土屋 健，2014年刊行，技術評論社

『石炭紀・ペルム紀』監修：群馬県立自然史博物館，著：土屋 健，2014年刊行，技術評論社

『パンダの祖先はお肉が好き!?』監修：木村由莉，林 昭次，著：土屋 健，絵：ACTOW，2020年刊行，笠倉出版社

『ホルツ博士の最新恐竜事典』著：トーマス・R・ホルツ Jr，2010年刊行，朝倉書店

『Dogs: Their Fossil Relatives and Evolutionary History』著：Xiaoming Wang, Richard H. Tedford, 絵：Mauricio Anton，2008年刊行，Columbia Univ. Press

『Early Evolutionary History of the Synapsida』編：Christian F. Kammerer, Kenneth D. Angielczyk, Jörg Fröbisch, 2013年刊行，Springer

『Early Vertebrates』著：Philippe Janvier，2003年刊行，Clarendon Press

『Marine mammals THIRD EDITION』著：Annalisa Berta，James L. Sumich，Kit M. Kovacs，2015年刊行，Academic Press

『Ordovician Trilobites of the St. Petersburg Region, Russia』著：V Klikushin, A Evdokimov, A Pilipyuk, Richard Hightower，2009年刊行，Saint-Petersburg Paleontological Laboratory

『The Black to the Past Museum Guide to TRILOBITES』著：Enrico Bonino, Carlo Kier，2010年刊行，Back to the Past Museum【Azul Sensatori Hotel】

『The Marshall Illustrated Encyclopedia of Dinosaurs and Prehistoric Animals』著：Douglas Palmer，1999年刊行，Marshall Editions

『The PRINCETON FIELD GUIDE to DINOSAURS 2ND EDITION』著：GREGORY S. PAUL，2016年刊行，PRINCETON

『VERTEBRATE PALAEONTOLOGY 4th Edition』著：Michael J. Benton, WILEY Blackwell刊行，2015年

《企画展図録》

太古の哺乳類展，2014年，国立科学博物館

《WEBサイト》

浦河町：https://www.town.urakawa.hokkaido.jp/

e-Start：https://www.e-stat.go.jp/

Evolution of Dolphins and Whales, New York Institute of Technology：https://www.nyit.edu/medicine/evolution_of_dolphins_whales

JRA：https://www.jra.go.jp/

《学術論文》

Alfredo E Zurita, Matias Taglioretti, Martin Zamorano, Gustavo J Scillato-Yané, Carlos Luna, Daniel Boh, Mariano Magnussen Saffer, 2013, A new species of *Neosclerocalyptus* Paula Couto (Mammalia: Xenarthra: Cingulata): the oldest record of the genus and morphological and phylogenetic aspects, Zootaxa, 3721, Vol.4, p 387–398

A. S. Romer, L. W. Price, 1940, Review of the Pelycosauria, GSA SPECIAL PAPERS, DOI: https://doi.org/10.1130/SPE28-p1

Alfred Sherwood Romer, 1937, New genera and species of Pelycosaurian reptiles, Proceedings of the New England Zoölogical Club, vol.XVI, p89

Benjamin C. Moon, Thomas L. Stubbs, 2020, Early high rates and disparity in the evolution of ichthyosaurs, COMMUNICATIONS BIOLOGY, 3:68, https://doi.org/10.1038/s42003-020-0779-6

Brian Andres, Timothy S. Myers. 2013, Lone Star Pterosaurs. Earth and Environmental Science Transactions of the Royal Society of Edinburgh, 103, p383-398, doi:10.1017/S1755691013000303

Bruce McLellan, David C. Reiner, 1994, A Review of Bear Evolution, Bears: Their Biology and Management, Vol. 9, Part 1: A Selection of Papers from the Ninth International Conference on Bear Research and Management, Missoula, Montana, p.85-96

Carlos Mauricio Peredo, Nicholas D. Pyenson, Christopher D. Marshall, Mark D. Uhen, 2018, Tooth Loss Precedes the Origin of Baleen in Whales, Current Biology, Vol.28, p1–9

David W.E. Hone, Thomas R. Holtz, Jr., 2021, Evaluating the ecology of *Spinosaurus*: Shoreline generalist or aquatic pursuit specialist?, Palaeontologia Electronica, 24(1):a03. https://doi.org/10.26879/1110

Eva V. I. Gebauer, 2007, Phylogeny and Evolution of the Gorgonopsia with a Special Reference to the Skull and Skeleton of GPIT/RE/7113 ('*Aelurognathus*?' *parringtoni*), Dissertation zur Erlangung des Grades eines Doktors der Naturwissenschaften, der Geowissenschaftlichen Fakultät der Eberhard-Karls Universität Tübingen

G.A. Florides, S.A. Kalogirou, S.A. Tassou, L. Wrobel, 2001, Natural environment and thermal behaviour of Dimetrodon limbatus, Journal of Thermal Biology, 26, p15-20

Hanyong Pu, Yoshitsugu Kobayashi, Junchang Lü, Li Xu, Yanhua Wu, Huali Chang, Jiming Zhang, Songhai Jia, 2013, An Unusual Basal Therizinosaur Dinosaur with an Ornithischian Dental Arrangement from Northeastern, China, PLoS ONE, 8(5): e63423. doi:10.1371/journal.pone.0063423

Han Zeng, Fangchen Zhao, Kecheng Niu, Maoyan Zhu, Diying Huang, 2020, An early Cambrian euarthropod with radiodont-like raptorial appendages, Nature, https://doi.org/10.1038/s41586-020-2883-7

James C. Lamsdell, Derek E. G. Briggs, Huaibao P. Liu, Brian J. Witzke, Robert M. McKay, 2015, The oldest described eurypterid: a giant Middle Ordovician (Darriwilian) megalograptid from the Winneshiek Lagerstätte of Iowa, BMC Evolutionary Biology, 15:169

J. Moysiuk, J.-B. Caron, 2019, A new hurdiid radiodont from the Burgess Shale evinces the exploitation of Cambrian infaunal food sources, Proc. R. Soc. B, 286:20191079

Jeheskel Shoshani, Pascal Tassy, 2005, Advances in proboscidean taxonomy & classification, anatomy & physiology, and ecology & behavior, Quaternary International, 126–128, p5–20

Julia M. Fahlke, Margery C. Coombs, Gina M. Semprebon, 2013, *Anisodon* sp. (Mammalia, Perissodactyla, Chalicotheriidae) from the Turolian of Dorn-Dürkheim 1 (Rheinhessen, Germany): morphology, phylogeny, and palaeoecology of the latest chalicothere in Central Europe, Palaeobio Palaeoenv (2013) 93:151–170

K. D. Angielczyk, L. Schmitz, 2014, Nocturnality in synapsids predates the origin of mammals by over 100 million years, Proc. R. Soc. B, Vol.281

Kirstin S. Brink, Hillary C. Maddin, David C. Evans, Robert R. Reisz, 2015, Re-evaluation of the historic Canadian fossil Bathygnathus borealis from the Early Permian of Prince Edward Island, Can. J. Earth Sci., 52, p1109–1120

Kirstin S. Brink, Robert R. Reisz, 2014, Hidden dental diversity in the oldest terrestrial apex predator *Dimetrodon*, NATURE COMMUNICATIONS | 5:3269 | DOI: 10.1038/ncomms4269

Konami Ando, Shin-ichi Fujiwara, 2016, Farewell to life on land – thoracic strength as a new indicator to determine paleoecology in secondary aquatic mammals, Journal of Anatomy, doi: 10.1111/joa.12518

Lauren Sallan, Sam Giles, Robert S. Sansom, John T. Clarke, Zerina Johanson,Ivan J. Sansom, Philippe Janvier, 2017, The 'Tully Monster' is not a vertebrate: characters, convergence and taphonomy in Palaeozoic problematic animals, Palaeontology, vol.60, Issue2, p149-157

Linda A. Tsuji , Christian A. Sidor , J.- Sébastien Steyer , Roger M. H. Smith , Neil J. Tabor, Oumarou Ide, 2013, The vertebrate fauna of the Upper Permian of Niger—VII. Cranial anatomy and relationships of *Bunostegos akokanensis* (Pareiasauria), Journal of Vertebrate Paleontology, vol.33, no.4, p747-p763

Marcello Ruta, Jennifer Botha-Brink, Stephen A. Mitchell, Michael J. Benton, 2013, The radiation of cynodonts and the ground plan of mammalian morphological diversity, Proc R Soc B, 280: 20131865

María J. Aris, Jose A. Corronca, Sebastián Quinteros, and Paolo L. Pardo, 2017. A new marrellomorph euarthropod from the Early Ordovician of Argentina. Acta Palaeontologica Polonica, 62 (1), p1–8

Markus Lambertz, Christen D. Shelton, Frederik Spindler, Steven F. Perry, 2016, A caseian point for the evolution of a diaphragm homologue among the earliest synapsids, Ann. N.Y. Acad. Sci., 1385(1):3-20. doi: 10.1111/nyas.13264

Michael S. Y. Lee, 1997, A taxonomic revision of pareiasaurian reptiles: implications for Permian terrestrial palaeoecology, Modern Geology, Vol.21, Issue 3, p231-298

M. L. Fernández Dumont, P. Bona, D. Pol, S. Apesteguía, 2020, New anatomical information on *Araripesuchus buitreraensis* with implications for the systematics of Uruguaysuchidae (Crocodyliforms, Notosuchia), Cretaceous Research, 113. 104494

Morgan L. Turner, Linda A. Tsuji, Oumarou Ide, Christian A. Sidor, 2015, The vertebrate fauna of the upper Permian of Niger—IX. The appendicular skeleton of *Bunostegos akokanensis* (Parareptilia: Pareiasauria), Journal of Vertebrate Paleontology, DOI: 10.1080/02724634.2014.994746

Philip G. Cox, Andrés Rinderknecht, R. Ernesto Blanco, 2015, Predicting bite force and cranial biomechanics in the largest fossil rodent using finite element analysis, J. Anat., 226, p215-223

Philip J. Currie, 1977, A New Haptodontine Sphenacodont (Reptilia: Pelycosauria) from the Upper Pennsylvanian ofNorth America, Journal of Paleontology , Vol.5, No.5, p.927-942

Robert K. Carr, Zerina Johanson, Alex Ritchie, 2009, The Phyllolepid Placoderm *Cowralepis mclachlani*: Insights into the Evolution of Feeding Mechanisms in Jawed Vertebrates, JOURNAL OF MORPHOLOGY, Vol.270, p775–804

Stephen L. Brusatte, Thomas D. Carr, 2016, The phylogeny and evolutionary history of tyrannosauroid dinosaurs, Scientific Reports | 6:20252 | DOI: 10.1038/srep20252

Shoji Hayashi, Alexandra Houssaye, Yasuhisa Nakajima, Kentaro Chiba, Tatsuro Ando, Hiroshi Sawamura, Norihisa Inuzuka, Naotomo Kaneko, Tomohiro Osaki, 2013, Bone Inner Structure Suggests Increasing Aquatic Adaptations in Desmostylia (Mammalia, Afrotheria), PLoS ONE, 8(4): e59146. doi:10.1371/journal.pone.0059146

Sterling J. Nesbitt, Stephen L. Brusatte, Julia B. Desojo, Alexandre Liparini, Marco A. G. De França, Jonathan C. Weinbaum, David J. Gower, 2013, Rauisuchia, Geological Society, London, Special Publications, Vol.379, doi 10.1144/SP379.1

Tanja Wintrich, Shoji Hayashi, Alexandra Houssaye, Yasuhisa Nakajima, P. Martin Sander, 2017, A Triassic plesiosaurian skeleton and bone histology inform on evolution of a unique body plan, Science Advances, vol.3, no.12, e1701144, DOI: 10.1126/sciadv.1701144

Takuya Imai, Yoichi Azuma, Soichiro Kawabe, Masateru Shibata, Kazunori Miyata, Min Wang, Zhonghe Zhou, 2019, An unusual bird (Theropoda, Avialae) from the Early Cretaceous of Japan suggests complex evolutionary history of basal birds, COMMUNICATIONS BIOLOGY, 2:399, https://doi.org/10.1038/s42003-019-0639-4 |

Thomas M.S. Arden, Catherine G. Klein, Samir Zouhri, Nicholas R. Longrich, 2019, Aquatic adaptation in the skull of carnivorous dinosaurs (Theropoda: Spinosauridae) and the evolution of aquatic habits in spinosaurus, Cretaceous Research, vol.93, p275-284

Tiago R. Simões, Oksana Vernygora, Ilaria Paparella, Paulina Jimenez-Huidobro, Michael W. Caldwell, 2017, Mosasauroid phylogeny under multiple phylogenetic methods provides new insights on the evolution of aquatic adaptations in the group, PLoS ONE 12(5): e0176773, https://doi.org/10.1371/journal.pone.0176773

Richard Cloutier, Alice M. Clement2, Michael S. Y. Lee, Roxanne Noël, Isabelle Béchard,Vincent Roy, John A. Long, 2020, *Elpistostege* and the origin of the vertebrate hand, Nature, https://doi.org/10.1038/s41586-020-2100-8

Robert K. Carr, Zerina Johanson, Alex Ritchie, 2009, The Phyllolepid Placoderm *Cowralepis mclachlani*: Insights into the Evolution of Feeding Mechanisms in Jawed Vertebrates, JOURNAL OF MORPHOLOGY, Vol.270, p775–804

Roger B. J. Benson, 2012, Interrelationships of basal synapsids: cranial and postcranial morphological partitions suggest different topologies, Journal of Systematic Palaeontology, DOI:10.1080/14772019.2011.631042

Victoria E. McCoy, Erin E. Saupe, James C. Lamsdell, Lidya G. Tarhan, Sean McMahon, Scott Lidgard, Paul Mayer, Christopher D. Whalen, Carmen Soriano, Lydia Finney, Stefan Vogt, Elizabeth G. Clark, Ross P. Anderson, Holger Petermann, Emma R. Locatelli, Derek E. G. Briggs, 2016, The 'Tully monster' is a vertebrate, nature, vol.532, p496-499

Victoria E. McCoy, James C. Lamsdell, Markus Poschmann, Ross P. Anderson, Derek E. G. Briggs, 2015, All the better to see you with: eyes and claws reveal the evolution of divergent ecological roles in giant pterygotid eurypterids, Biol. Lett.. 11: 20150564

Zhe-Xi Luo, 2007, Transformation and diversification in early mammal evolution, Nature, Vol.450, 13, p1011-1019

◆さくいん

著者紹介

土屋 健（つちや・けん）

サイエンスライター。

オフィス ジオパレオント代表。

日本地質学会員、日本古生物学会員、日本文藝家協会員。埼玉県出身。

金沢大学大学院自然科学研究科で修士号を取得(専門は地質学、古生物学)。その後、科学雑誌『Newton』の編集記者、部長代理を経て、現職。

愛犬たちと散歩、愛犬たちと昼寝が日課。古生物に関わる著作多数。2019年にサイエンスライターとして初めて古生物学会貢献賞を受賞。

近著に『ifの地球生命史』(技術評論社)、『生きている化石図鑑』(笠倉出版社)、『恐竜・古生物に聞く第6の大絶滅、君たち(人類)はどう生きる?』(イースト・プレス)など。

監修者紹介

芝原 暁彦（しばはら・あきひこ）

1978年福井県出身。地球科学可視化技術研究所所長。博士(理学)。

18歳から20歳まで福井県の恐竜発掘に参加し、その後は北太平洋などで微化石の調査を行う。筑波大学で博士号を取得後は、(国研)産業技術総合研究所の地質標本館で化石標本の3D計測やVR展示など、地球科学の可視化に関する研究を行った。2016年に産総研発ベンチャー地球科学可視化技術研究所を設立、「未来の博物館」を創出するための研究を続けている。2019年より恐竜学研究所の客員教授を兼務。

おもな著書に『化石観察入門』(誠文堂新光社)のほか、共監修書に『学名で楽しむ恐竜・古生物』(エクスナレッジ)など。

イラストレーター紹介

土屋 香（つちや・かおり）

古生物学や地球科学に関するイラストを描く。

化石の写真撮影や執筆も行っている。

茨城県生まれ。

金沢大学大学院自然科学研究科で修士号を取得(専門は地質学、古生物学)。

愛犬2匹を愛でることが趣味。『地球のお話365日』(技術評論社、土屋健編著)のイラストの半分を担当。『ときめく化石図鑑』(山と渓谷社)、『光る化石～美しい石になった古生物たちの図鑑』(日東書院本社)などでは、化石の撮影と執筆を担当した。

化石や古生物に関する知識を生かし、インターネットショップ「恐竜・化石グッズの専門店ふぉっしる」で、化石や、制作したイラストをプリントした古生物関連グッズを販売している。


装丁・本文デザイン・DTP 清原一隆 (KIYO DESIGN)

生物ミステリー

ゼロから楽しむ 古生物 姿かたちの移り変わり

2021年 7月16日　初版　第1刷発行

著　者　土屋　健
発行者　片岡　巌
発行所　株式会社技術評論社
東京都新宿区市谷左内町21-13
電話　03-3513-6150　販売促進部
03-3267-2270　書籍編集部
印刷・製本　大日本印刷株式会社

ISBN978-4-297-12228-7 C3045
Printed in Japan